卓越农林人才培养实验实训实习教材

生物统计附试验设计实训

主　编

宋代军　　（西南大学）

罗宗刚　　（西南大学）

副主编

杨　游　　（西南大学）

杨震国　　（西南大学）

编　者

刘安芳　　（西南大学）

赵　华　　（四川农业大学）

朱汉春　　（西南大学）

方立超　　（中国人民解放军陆军军医大学）

付树滨　　（西南大学）

西南师范大学出版社
国家一级出版社 全国百佳图书出版单位

图书在版编目（CIP）数据

生物统计附试验设计实训 / 宋代军, 罗宗刚主编
--重庆：西南师范大学出版社，2021.8
卓越农林人才培养实验实训实习教材
ISBN 978-7-5697-0745-8

Ⅰ.①生… Ⅱ.①宋… ②罗… Ⅲ.①生物统计—试验设计—高等学校—教材 Ⅳ.①Q-332

中国版本图书馆CIP数据核字(2021)第031298号

生物统计附试验设计实训
主编　宋代军　罗宗刚

丛书策划：	杨光明　郑持军
责任编辑：	廖小兰
责任校对：	陈才华
装帧设计：	观止堂_朱　璇
排　　版：	陈智慧
出版发行：	西南师范大学出版社
印　　刷：	重庆共创印务有限公司
幅面尺寸：	195 mm×255 mm
印　　张：	10.5
字　　数：	200千字
版　　次：	2021年8月　第1版
印　　次：	2021年8月　第1次印刷
书　　号：	ISBN 978-7-5697-0745-8
定　　价：	35.00元

卓越农林人才培养实验实训实习教材 总编委会

主任
刘　娟　苏胜齐

副主任
赵永聚　周克勇

王豪举　朱汉春

委员
曹立亭　段　彪　黄兰香

黄庆洲　蒋　礼　李前勇

刘安芳　宋振辉　魏述永

吴正理　向　恒　赵中权

郑小波　郑宗林　周朝伟

周勤飞

2014年9月,教育部、农业部(现农业农村部)、国家林业局(现国家林业和草原局)批准西南大学动物科学专业、动物医学专业、动物药学专业本科人才培养为国家第一批卓越农林人才教育培养计划专业。学校与其他卓越农林人才培养高校广泛开展合作,积极探索卓越农林人才培养的模式、实训实践等教育教学改革,加强国家卓越农林人才培养校内实践基地建设,不断探索校企、校地协调育人机制的建立,开展全国专业实践技能大赛等,在卓越农业人才培养方面取得了巨大的成绩。西南大学水产养殖学专业、水族科学与技术专业同步与国家卓越农林人才教育培养计划专业开展了人才培养模式改革等教育教学探索与实践。2018年10月,教育部、农业农村部、国家林业和草原局发布的《关于加强农科教结合实施卓越农林人才教育培养计划2.0的意见》(简称《意见2.0》)明确提出,经过5年的努力,全面建立多层次、多类型、多样化的中国特色高等农林教育人才培养体系,提出了农林人才培养要开发优质课程资源,注重体现学科交叉融合、体现现代生物科技课程建设新要求,及时用农林业发展的新理论、新知识、新技术更新教学内容。

为适应新时代卓越农林人才教育培养的教学需求,促进"新农科"建设和"双万计划"顺利推进,进一步强化本科理论知识与实践技能培养,西南大学联合相关高校,在总结卓越农林人才培养改革与实践的经验基础之上,结合教育部《普通高等学校本科专业类教学质量国家标准》以及教育部、财政部、国家发展改革委《关于高等学校加快"双一流"建设的指导意见》等文件精神,决定推出一套"卓越农林人才培养实验实训实习教材"。本套教材包含动物科学、动物医学、动物药学、中兽医学、水产养殖学、水族科学与技术等本科专业的学科基础课程、专业发展课程和实践等教学环节的实验实训实习内容,适合作为动物科学、动物医学和水产养殖学及相关专业的教学用书,也可作为教学辅助材料。

本套教材面向全国各类高校的畜牧、兽医、水产及相关专业的实践教学环节,具有较广泛的适用性。归纳起来,这套教材有以下特点:

1. 准确定位,面向卓越 本套教材的深度与广度力求符合动物科学、动物医学和水产养殖学及相关专业国家人才培养标准的要求和卓越农林人才培养的需要,紧扣教学活动与知识结构,对人才培养体系、课程体系进行充分调研与论证，及时用现代农林业发展的新理论、新知识、新技术更新教学内容以培养卓越农林人才。

2. 夯实基础，切合实际 本套教材遵循卓越农林人才培养的理念和要求，注重夯实基础理论、基本知识、基本思维、基本技能；科学规划、优化学科品类，力求考虑学科的差异与融合，注重各学科间的有机衔接，切合教学实际。

3. 创新形式，案例引导 本套教材引入案例教学，以提高学生的学习兴趣和教学效果；与创新创业、行业生产实际紧密结合，增强学生运用所学知识与技能的能力，适应农业创新发展的特点。

4. 注重实践，衔接实训 本套教材注意厘清教学各环节，循序渐进，注重指导学生开展现场实训。

"授人以鱼，不如授人以渔。"本套教材尽可能地介绍各个实验（实训、实习）的目的要求、原理和背景、操作关键点、结果误差来源、生产实践应用范围等，通过对知识的迁移延伸、操作方法比较、案例分析等，培养学生的创新意识与探索精神。本套教材是目前国内出版的第一套落实《意见2.0》的实验实训实习教材，以期能对我国农林的人才培养和行业发展起到一定的借鉴引领作用。

以上是我们编写这套教材的初衷和理念，把它们写在这里，主要是为了自勉，并不表明这些我们已经全部做好了、做到位了。我们更希望使用这套教材的师生和其他读者多提宝贵意见，使教材得以不断完善。

本套教材的出版，也凝聚了西南大学和西南师范大学出版社相关领导的大量心血和支持，在此向他们表示衷心的感谢！

总编委会

2019年6月

《生物统计附试验设计实训》为西南大学普通高等教育"十三五"规划的系列教材之一,是与动物科学类本科教材《生物统计附试验设计》配套实训教材,由西南大学宋代军和罗宗刚任主编,杨游和杨震国任副主编,西南大学朱汉春、刘安芳、付树滨,四川农业大学赵华和中国人民解放军陆军军医大学方立超等参与编写。

本书根据动物科学类教学大纲的构建需要,共设置8个实训,分别是:实训一 资料的整理及其特征数的计算;实训二 两个样本平均数差异显著性检验;实训三 单因子资料方差分析;实训四 二因子资料方差分析;实训五 卡方检验;实训六 一元线性相关回归分析;实训七 协方差分析;实训八 试验设计方法。附录有常用生物统计方法的EXCEL操作流程和常用数理统计表。初稿完成后,由宋代军主编统稿。该书编写的主要宗旨是进一步巩固《生物统计附试验设计》涉及的数理统计理论,促进学生掌握动物科学相关数据资料的统计分析方法。为了加强学生对数理统计原理的理解,在适当阐述理论的基础上,重点详细叙述数据资料分析处理的方法和步骤,如何阐述分析的结果,以及数据分析过程中的注意事项。编撰的主要原则是理论适度,方法实用。案例主要来自参编人员长期的教学和科研实践,特别是动物类专业常见数据资料的分析和试验设计的方法。选用《生物统计附试验设计》教材的院校可根据自己的具体情况选择实训内容。

本书在编写过程中参考了相关的中外文献和专著,编写者对这些文献和专著的作者,对热情指导、大力支持编写工作的西南师范大学出版社的杨光明、廖小兰等同志一并表示衷心感谢!

本书为实验教学改革教材之一,是动物科学、动物医学和水产科学本科教学用书。由于该实训教材在国内尚无样板,限于编写者的水平,错误、疏漏在所难免,敬请生物统计学专家、教师和广大读者批评指正,以便再版时修改。

目录 CONTENTS

实训一　资料的整理及其特征数的计算……………………………………………1

实训二　两个样本平均数差异显著性检验…………………………………………13

实训三　单因子资料方差分析………………………………………………………22

实训四　二因子资料方差分析………………………………………………………39

实训五　卡方检验……………………………………………………………………59

实训六　一元线性相关回归分析……………………………………………………73

实训七　协方差分析…………………………………………………………………82

实训八　试验设计方法………………………………………………………………94

附录一　常用生物统计方法的 Excel 操作流程……………………………………106

附录二　常用数理统计表……………………………………………………………128

　　附表1　　标准正态分布表………………………………………………………128

　　附表2　　标准正态分布的双侧分位数 u_α 值表……………………………132

　　附表3　　t 值表(两尾)…………………………………………………………132

　　附表4　　F 值表(一尾,方差分析用)…………………………………………134

　　附表5　　q 值表…………………………………………………………………138

　　附表6　　SSR 值表………………………………………………………………140

　　附表7　　χ^2 值表(右尾)……………………………………………………142

　　附表8　　r 与 R 显著数值表…………………………………………………143

　　附表9　　随机数字表(Ⅰ)………………………………………………………145

　　　　　　　随机数字表(Ⅱ)………………………………………………………147

　　附表10　常用正交表……………………………………………………………149

主要参考文献…………………………………………………………………………153

资料的整理及其特征数的计算

一、目的与要求

通过本部分的学习,可达到三个方面的目的要求:第一,熟悉数据资料的分类和原始数据的检查、核对过程;第二,掌握大样本资料的分组整理方法,制作反映次数分布统计表、统计图;第三,掌握不同数据类型分布图的制作及其描述,以及特征数的计算。

二、方法与步骤

数据资料分为质量性状资料和数量性状资料,对它们进行整理的方法如下。

(一)数据资料的检查和核对

在对数据资料进行整理前要进行检查和核对。对原始资料,要确保完整性和正确性。完整性是指原始资料无遗缺或重复,正确性是指原始资料的测量和记载无差错或未进行不合理的合并。检查中要特别注意异常数据(可结合专业知识做出判断)。对于有重复、异常或遗漏的数据,应予以删除或补齐,有错误、相互矛盾的资料应进行更正,必要时进行复查或重新试验。若是间接获得的二手数据,要注意检查数据的真实性、实用性和时效性。

(二)试验数据资料的整理方法

1. 质量性状资料的分类方法

质量性状资料本身不能直接用数值表示,要获得这类性状的数据资料,须对其观察结果做数量化处理,其整理方法有统计次数法和评分法。

(1)统计次数法

在一定的总体或样本中,根据某一质量性状的类别统计其次数,以次数作为质量性状资料的数据,并列出次数分布表。

表1-1　次数分布表

标目(或空白)	纵标目1	列标目2	……
横标目1	数字资料	数字资料	
横标目2	数字资料	数字资料	
合计			

绘制次数分布表的要求是:标题应该简明扼要、准确地说明表格的内容,有时须注明时间、地点;标目分横标目和纵标目两项,横标目列在表的左侧,纵标目列在表的上端,标目需注明计算单位,如%、kg、cm等;表格中的数字一律用阿拉伯数字,数字以小数点对齐,小数点后位数一致。无数字的用"—"表示,数字是"0"的,则填写"0"。多用三线表,上下两条边线略粗。例如,研究猪的毛色遗传时,白猪与黑猪杂交,子二代中白猪、黑猪和花猪的头数分类统计见表1-2。

表1-2　白猪和黑猪子二代的毛色分离情况

毛色	次数(f)	频率(%)
白色	366	73.20
黑色	110	22.00
花色	24	4.80
合计	500	100.00

(2)评分法

将某一质量性状资料分成不同级别,对不同级别进行评分来表示其性状差异,从而将质量性状进行数量化,以便统计分析。例如,试剂pH值由酸性到碱性分成14个等级,取待测试剂滴在pH试纸上,与pH标准色版对比,由红到紫分别定义为1~14的数值;在研究猪的肉色遗传时,常用的方法是将屠宰后2 h的猪眼肌横切面与标准图谱对比,由浅到深分别给予1~5分的评分,以便统计分析。

2. 数量性状资料的整理方法

(1)计数资料的整理方法

计数资料基本上采用单项式分组法进行整理,特点是对样本变量自然值进行分组,每组用一个或几个数量值表示。当样本含量不太大,且样本中各个变数(观察值)的变异幅度也不太大时采用该一个观测值为1组的分组方法。

【例1-1】对70头经产母猪的窝产仔数资料进行整理分析。

表1-3　70头经产母猪窝产仔数　　　　　　　　单位:头

7	8	11	14	10	12	11	10	10	7
10	12	11	10	10	11	9	12	8	10
12	10	10	11	8	10	8	10	11	13
10	9	11	12	10	12	9	9	11	10
11	11	13	11	14	13	10	11	13	11
13	10	10	9	11	11	8	9	9	11
10	7	10	13	12	12	13	10	11	9

根据表1-3可以看出,70头经产母猪窝产仔数的变动范围是7~14头,可分为8组,然后统计每组的次数和计算累积次数和频率,并绘制表格,见表1-4。

表1-4　70头经产母猪窝产仔数的次数分布表

窝产仔数/头	次数(f)	累积次数	频率/%
7	3	3	4.28
8	5	8	7.14
9	8	16	11.43
10	20	36	28.57
11	17	53	24.29
12	8	61	11.43
13	7	68	10.00
14	2	70	2.86
合计	70		100

当样本中的观察值个数较多,且样本中各个观察值的变异幅度也较大时,以几个相邻观察值为一组,分别归类统计变量出现的次数。例如观测某品种100只蛋鸡每年每只鸡产蛋数(原始资料略),其变异范围为200~299枚,整理分组结果见表1-5。

表1-5　100只蛋鸡每年产蛋数分布表

产蛋数/枚	次数	累积次数	频率/%
200—209	2	2	2
210—219	8	10	8
220—229	15	25	15
230—239	20	45	20
240—249	25	70	25
250—259	15	85	15
260—269	8	93	8
270—279	4	97	4
280—289	2	99	2
290—299	1	100	1
合计	100		100

(2)计量资料的整理方法

计量资料一般采用组距式(组限式)整理分组法。

【例1-2】100尾2龄蟎霖鱼体长资料的整理方法(表1-6)。

表1-6　100尾2龄蟎霖鱼体长资料　　　单位:cm

12.5	8.9	11.1	12.2	11.4	13.6	11.1	7.3	11.9	9.3
9.4	11.8	12	12.9	9.7	12.8	11.8	12.1	14.2	12.6
12.7	10.7	13.4	13.8	12.1	9.7	14.4	12.7	14.5	9.1
9.4	12.7	13.4	11.4	11.4	7.2	10.2	12.9	11.1	11.5
12.1	11.7	9.4	11.3	12.4	8.9	12.3	11.7	10.3	9.4
11.1	13.4	8.6	15.8	12.1	12.9	9.4	10.4	15	9.3
7.6	13.7	12.6	11.2	12.8	10.4	11.8	11.5	8.8	10.9
10.5	10.8	8.4	8.8	10.2	8.6	14.1	8.7	9.8	11.2
11.1	12.8	9.5	10.3	10.8	11.9	11.8	11.8	11.3	9.4
10.7	11.3	9.4	13.1	11.4	12.5	10.8	10.1	10.7	10.1

对表1-6所列的资料整理步骤如下：

第一步，求全距R，R=最大值-最小值=15.8-7.2=8.6。

第二步，确定组数，根据样本含量及资料的变动范围大小确定组数，具体参考表1-7。可将100尾12龄螭霖鱼体长资料分为9组(表1-8)。

表1-7 样本含量与组数的关系

样本含量(n)	组数
10—100	7—10
100—200	9—12
200—500	12—17
500以上	17—30

第三步，确定组距，即组内最大值与最小值之差，记为i，$i=R/$组数$=8.6/9≈1$。

第四步，求组中值，首先确定第一组的组中值。资料中的最小值为7.2，第一组的组中值应接近或等于资料中的最小值，第一组的组中值可以取7.5。

第五步，确定各组组限、组中值。第一组的下限=第一组的组中值-1/2组距；第一组的上限就是第二组的下限，第二组的下限=第一组的下限+组距；…；以此类推，直到某一组上限大于资料中的最大值为止，通常将上限省略。本例资料分为7-，8-，…，15-16，具体见表1-8。

表1-8 100尾2龄螭霖鱼体长的次数分布表

组别	组中值/cm	次数(f)	频率/%
7—	7.5	3	3
8—	8.5	8	8
9—	9.5	14	14
10—	10.5	16	16
11—	11.5	26	26
12—	12.5	20	20
13—	13.5	7	7
14—	14.5	5	5
15—16	15.5	1	1
总和		100	100

第六步,做次数分布表或次数分布图,即将资料中的每一观测值逐一归组,划线计数,制成次数分布表或次数分布图。

统计表是统计资料的基本表现形式,也是最常见的形式,具体格式要求见表1-1中的内容,主要分为简单表(一组横标目和一组列标目)和复合表(多组横标目和一组列标目、一组横标目和多组列标目、多组横标目和多组列标目)。

统计图利用点、线、面、体形象,直观地表示统计资料的基本特征和变化趋势,主要有条形图(柱形图)、饼图、直方图、多边形图和散点图等。具体格式要求是:标题简明扼要,列于图的下方;纵、横两轴应有刻度,注明单位;横轴由左至右,纵轴由下而上,数值由小到大;长宽比例约5:4或6:5;图中需用不同颜色或线条代表不同事物时,应有图例说明。

三、资料特征数的计算

实验资料的分布具有两种明显的基本特征:集中性和离散性。集中性是指资料在趋势上有着向某一中心聚集,或者说以某一数值为中心而分布的性质,以平均数为代表。离散性是指偏离中心分散变异的性质,以标准差等体现资料变异的特征数为代表。

(一)平均数

平均数是统计学中最常用的统计量,是计量资料的代表值,表示资料中观测数的中心位置,代表资料的平均水平、集中程度和集中趋势,并且可作为资料的代表与另一组相比较,以确定二者的差异情况。广义的平均数包括算术平均数、中位数、众数、几何平均数和调和平均数,而狭义的平均数仅仅是指算术平均数。

1. 算术平均数

总体或样本资料中所有观测数的总和除以观测数的个数所得的商,简称平均数、均数或均值,即为μ或$\bar{x}$。计算公式分别为:

$$\mu(总体算术平均数)=\frac{x_1+x_2+x_3+\cdots+x_N}{N}=\frac{1}{N}\sum_{i=1}^{N}x_i \quad (1-1)$$

$$\bar{x}(样本算术平均数)=\frac{x_1+x_2+x_3+\cdots+x_n}{n}=\frac{1}{n}\sum_{i=1}^{n}x_i \quad (1-2)$$

(1)直接法

主要用于未经分组资料的算数平均数的计算,一般是$n\leq 30$的资料。计算公式为:

$$\bar{x}=\frac{x_1+x_2+x_3+\cdots+x_n}{n}=\frac{1}{n}\sum_{i=1}^{n}x_i$$

【例1-3】某饲料饲喂9头猪的日增重(单位:g)分别为:680,700,683,673,690,692,678,710,700。计算日增重。

解：$\bar{x}=\dfrac{680+700+683+\cdots+700}{9}=689.56(\text{g})$，即9头猪的日增重为689.56 g。

(2)加权法

主要用于样本含量大且已经分组的资料(或称频数资料)算数平均数的计算。在获得频数分布表的基础上采用加权法计算算数平均数。计算公式为：

$$\bar{x}=\dfrac{1}{n}\sum_{i=1}^{k}f_i x_i \tag{1-3}$$

这里，x_i为第i组的组中值(离散数据时为组值)，f_i为第i组的频数，k为分组数，n为样本容量。

【例1-4】将100头长白母猪的仔猪一月窝重(单位:kg)资料整理成次数分布表(表1-9)，计算其加权算术平均数。

表1-9 100头长白母猪仔猪一月窝重次数分布表

组别	组中值(x_i)	次数(f_i)	$f_i x_i$
10—	15	3	45
20—	25	6	150
30—	35	26	910
40—	45	30	1 350
50—	55	24	1 320
60—	65	8	520
70—80	75	3	225
合计		100	4 520

解：$\bar{x}=\dfrac{\sum f_i x_i}{\sum f_i}=\dfrac{4\ 520}{100}=45.2(\text{kg})$

即这100头长白母猪仔猪一月龄平均窝重为45.2 kg。

2. 中位数(median)

资料中所有观测数依大小顺序排列，居于中间位置的观测数称为中位数或中数，即M_d。中位数将该组资料数值均分为两部分，理论上有50%的变量小于M_d，有50%的变量值大于M_d，故又称百分之五十位数，记为P_{50}。当所获得的数据资料呈偏态分布时，中位数的代表性优于算术平均数。

当观测值个数n为奇数时，$(n+1)/2$位置的观察值即$x_{(n+1)/2}$为中位数；当观测值个数n为偶数时，$n/2$和$(n/2)+1$位置的两个观察值之和的1/2为中位数。

年龄中位数可用于同一时期不同人口的对比分析,也可用于同一人口不同时期的对比分析。例如,国际上通常用年龄中位数指标作为划分人口年龄构成类型的标准,年龄中位数在20岁以下为年轻型人口;年龄中位数在20~30岁之间为成年型人口;年龄中位数在30岁以上为老年型人口。年龄中位数向上移动的轨迹,反映了人口总体逐渐老化的过程。

3. 众数

资料中出现次数最多的那个观测值或次数最多一组的组中值,称为众数,记为M_0。众数主要用来描述频数分布的。

4. 几何平均数

n个观测值相乘之积开n次方所得的方根,称为几何平均数,记为G_0。观测值间成倍数关系时,用几何平均数比用算术平均数更能代表其平均水平。如畜禽、水产养殖的增长率、抗体的滴度、药物的效价和畜禽疾病的潜伏期等。计算公式为:

$$G = \sqrt[n]{x_1 \times x_2 \times x_3 \times \cdots \times x_n} \tag{1-4}$$

可将各观测值取对数后相加除以n,得$\lg G$,再求$\lg G$的反对数,即得G值。即:

$$G = \lg^{-1}\left[\frac{1}{n}(\lg x_1 + \cdots + \lg x_n)\right] \tag{1-5}$$

【例1-5】某波尔山羊群1997—2000年各年度的存栏数见表1-10,试求其年平均增长率。

表1-10 某波尔山羊群各年度存栏数与增长率

年度	存栏数/只	增长率(x)	$\lg x$
1997	140	—	—
1998	200	0.429	-0.368
1999	280	0.400	-0.398
2000	350	0.250	-0.602

解:$G = \lg^{-1}\left[\frac{1}{3}(-0.368 - 0.398 - 0.602)\right] = 0.3501$。

即年平均增长率为0.3501或35.01%。

5. 调和平均数

资料中各观测值倒数的算术平均数的倒数,称为调和平均数,记为H。它主要适用于

反映生物不同阶段的平均增长率或不同规模的平均规模。计算公式为:

$$H=\frac{1}{\frac{1}{n}\left(\frac{1}{x_1}+\frac{1}{x_2}+\cdots+\frac{1}{x_n}\right)}=\frac{1}{\frac{1}{n}\sum_{i=1}^{n}\frac{1}{x_i}} \tag{1-6}$$

【例1-6】某保种牛群的不同世代牛群保种的规模分别为:T_0代200头,F_1代220头,F_2代210头,F_3代190头,F_4代210头,试求其平均规模。

解:$H=\dfrac{1}{\frac{1}{5}\left(\frac{1}{200}+\frac{1}{220}+\cdots+\frac{1}{210}\right)}=\dfrac{1}{\frac{1}{5}(0.024)}=\dfrac{1}{0.0048}=208.33$(头),即保种群平均规模为208.33头。

(二)变异数

变异数是反映资料的离散程度,代表资料变异程度的一类特征数。变异数主要包括极差、方差、标准差和变异系数。

1. 极差(全距)

极差是数据分布的两端变异的最大范围,即样本变量值的最大值和最小值之差,用R表示。它是资料中各观测值变异程度大小的最简便的统计量。

2. 方差

方差是指变量的平均平方和,用σ^2和S^2表示。计算公式为:

$$SS(平方和)=\sum(x-\bar{x})^2=\sum x^2-\frac{(\sum x)^2}{n} \tag{1-7}$$

$$\sigma^2(总体方差)=\frac{\sum(x-\mu)^2}{N} \tag{1-8}$$

$$S^2(样本方差)=\frac{\sum(x-\bar{x})^2}{n-1} \tag{1-9}$$

【例1-7】某饲料饲喂9头猪的日增重(单位:g)分别为,680,700,683,673,690,692,678,710,700,计算平方和和方差。

解:$SS=\sum x^2-\dfrac{(\sum x)^2}{n}=1184.2223$,$S^2=\dfrac{SS}{n-1}=148.0278$(g)。

3. 标准差

方差带有原观测单位的平方单位,在仅表示一个资料中各观测值的变异程度而不作其他分析时,常需要与平均数配合使用,这时应将平方单位还原,求出样本方差的平方根,即标准差,用σ和S表示。计算公式为:

$$\sigma(总体标准差) = \sqrt{\frac{\sum(x-\mu)^2}{N}} \tag{1-10}$$

$$S(样本标准差) = \sqrt{\frac{\sum(x-\bar{x})^2}{n-1}} = \sqrt{\frac{\sum x^2 - \frac{(\sum x)^2}{n}}{n-1}} \tag{1-11}$$

$$S(加权法计算标准差) = \sqrt{\frac{\sum f_i x_i^2 - \frac{(\sum f_i x_i)^2}{\sum f_i}}{\sum f_i - 1}} \tag{1-12}$$

【例1-8】10只辽宁绒山羊产绒量(单位:g)分别为:450,450,500,500,550,550,550,600,600,650,计算它们的标准差。

解:$n=10$,$\sum x = 5400$,$\sum x^2 = 2955000$,$S = \sqrt{\frac{\sum x^2 - \frac{(\sum x)^2}{n}}{n-1}} = 65.828(g)$

即10只辽宁绒山羊产绒量的标准差为65.828g。

4. 变异系数

样本的标准差除以样本平均数,所得的比值就是变异系数,用$C.V$表示。变异系数是样本变量的相对变量,不带单位,可用于比较不同性状的资料间变异程度的大小以及单位不同或平均数相差太大的资料间变异程度的大小。计算公式如下:

$$C.V = \frac{S}{\bar{x}} \times 100\% \tag{1-13}$$

【例1-9】已知某良种猪场长白成年母猪平均体重为190 kg,标准差为10.5 kg,而大约克成年母猪平均体重为196 kg,标准差为8.5 kg,试问两个品种的成年母猪,哪一个体重变异程度大。

解:长白成年母猪体重的变异系数,$C.V = \frac{S(标准差)}{\bar{x}(平均数)} \times 100\% = \frac{10.5}{190} \times 100\% = 5.53\%$,大约克成年母猪体重的变异系数,$C.V = \frac{S(标准差)}{\bar{x}(平均数)} \times 100\% = \frac{8.5}{196} \times 100\% = 4.34\%$,即长白成年母猪体重的变异程度大于大约克成年母猪体重的变异程度。

四、应该注意的问题

(一)抽样调查的随机原则

抽样调查是根据一定的原则从研究对象中抽取一部分具有代表性的个体进行调查

的方法。通过抽样将获得的样本资料进行统计处理,然后利用样本的特征数对总体进行推断。生物学研究中,进行普查的情况较少,多数情况下还是进行抽样调查。抽样调查数据之所以能用来代表和推算总体,主要是因为抽样调查本身具有其他非全面调查所不具备的特点,主要是调查样本是按随机的原则抽取的。在总体中每一个单位被抽取的概率是均等的,因此,能够保证被抽中的单位在总体中是均匀分布,不致出现倾向性误差,代表性强。

(二)识别资料的类型

在对试验资料进行整理之前,必须识别和确定试验资料的类型,是属于质量性状资料还是数量性状资料中的计数资料或者计量资料。只有准确地识别资料的类型,才能根据所对应的整理方法进行分析。

(三)平均数的区别应用

算术平均数的计算与样本内的每个值都有关,它的大小受每个值影响。若每个 y 都乘以相同的数 k,则平均数亦应乘以 k。若每个 y 都加上相同的数 A,则平均数亦应加上 A。如果 $\bar{y}_1$ 是 n_1 个数的平均数,$\bar{y}_2$ 是 n_2 个数的平均数,那么全部的 n_1+n_2 个数的算术平均数是加权平均数。平均数在理论上和在抽样实践中,还有更多的特性。中位数是一个位置平均数,可以免受资料中由于非常因素造成的极端值的影响,但中位数的决定只与居于中间位置的一个或两个观察值有关,没能用到全部观察值提供的信息,所以与算术平均数有一定的出入。当数据的分布较为对称时,二者相近或相等,当数据分布偏斜时,二者相差较大,此时中位数对数据趋中性的度量比算术平均数为优。

由于中位数只能代表一个,最多两个观察值,而众数却代表着大多数观察值的数量水平。用众数描述统计资料的数量水平,其代表性要优于中位数。间断性变量由于样本内的各观察值易于集中于某一数值,所以众数易于确定;连续性变量由于连接两个整数区间之内,可有多个数值存在,样本内各值不易集中于某一数值,因此不易确定众数。连续性资料众数的确定,常需在次数分布表的基础上,由出现次数最多一组的组中值决定。

(四)方差和标准差的区别

方差和标准差都是对试验资料数据进行统计的,反映的是该组数据的离散程度。标准差和均值的单位是一致的,在描述一个波动范围时标准差比方差更方便。比如一个班男生的平均体重是 68 kg,标准差是 8 kg,那么方差就是 64 kg^2。标准差可以进行比较简便的描述,本班男生体重分布是 68 kg±8 kg,方差就无法做到这点。

(五)自由度的应用

自由度指当以样本的统计量来估计总体的参数时,样本中可以自由变动的变量的个数。在总体平均数未知时,要计算标准差就必须先知道样本平均数,而样本平均数和 n 都知道的情况下数据的总和就是一个常数了。因此,最后一个样本数据就不能改变了,因为它要是变,总和就变了,而这是不允许的。

五、待整理的资料

1. 对100只母羊的体重资料(表1-11)进行整理,绘制频数表和频数直方图。

表1-11　100只母羊的体重资料　　　　　　　　　　　单位:kg

50	62	43	61	39	40	52	56	58	59
38	46	59	55	51	62	67	40	44	63
39	56	51	49	62	60	39	43	57	68
46	55	51	59	65	44	62	49	41	62
59	51	52	40	38	47	48	56	49	47
66	67	59	44	48	52	50	71	55	38
55	39	60	61	59	53	49	63	58	45
64	41	49	50	42	44	65	58	60	44
63	48	46	48	59	51	38	37	62	57
53	58	40	44	46	58	60	60	61	59

2. 10头母猪第一胎的产仔数分别为(单位:头):9,8,7,10,12,10,11,14,8,9。试计算这10头母猪第一胎产仔数的平均数、标准差和变异系数。

3. 随机测量了某品种100头6月龄母猪的体长,经整理得到如下次数分布表(表1-12)。试利用加权法计算其平均数、标准差与变异系数。

表1-12　100头6月龄母猪的体长

组别	组中值(x)/cm	次数(f)
70—	74	2
78—	82	10
86—	90	25
94—	98	20
102—	106	15
110—	114	16
118—126	122	12

两个样本平均数差异显著性检验

一、目的与要求

通过实训二的学习可达到两个方面的目的要求:其一,理解显著性检验解决问题的思路,掌握 t-检验的原理;其二,掌握样本平均数与总体平均数、样本平均数与样本平均数差异显著性检验具体操作方法。

二、方法与步骤

检验两个总体的均数是否相等,需要从两个总体中分别抽取随机样本。因试验设计的差异和试验单位的条件不同,又分成非配对试验资料和配对试验资料。

(一)非配对设计两个样本数据资料的一般模式

非配对试验设计或成组设计是指当进行只有两个处理的试验时,将试验单位完全随机地分成两个组,然后再随机地对两组各施加一个处理,它是完全随机设计中处理数 $a=2$ 的情况。在这种设计方式中,两组的试验单位相互独立,所得的两个样本也相互独立,其样本含量不一定相等,所得数据为成组数据,其数据资料的一般模式见表2-1。

表2-1 非配对试验设计资料的一般模式

处理	观测值 x_{ij}	样本含量 n_i	平均数 $\bar{x}_i$	总体平均数
1	$x_{11}, x_{12} \cdots x_{1n}$	n_1	$\bar{x}_1 = \dfrac{\sum x_{1j}}{n_1}$	μ_1
2	$x_{21}, x_{22} \cdots x_{2n}$	n_2	$\bar{x}_2 = \dfrac{\sum x_{2j}}{n_2}$	μ_2

(二)非配对设计两个样本平均数 t-检验的基本步骤

非配对试验设计两样本平均数差异显著性检验的基本步骤如下:

1. 提出无效假设与备择假设

针对不同的具体问题,备择假设可以分为三种不同的形式:

无效假设 $H_0: \mu_1 = \mu_2$

备择假设 1 $H_A: \mu_1 \neq \mu_2$

备择假设 2 $H_A: \mu_1 < \mu_2$;

备择假设 3 $H_A: \mu_1 > \mu_2$。

2. 选定显著水平 α

$\alpha=0.05$ 或 $\alpha=0.01$。

3. 在接受 H_0 下计算 t 值

$$t = \frac{\bar{x}_1 - \bar{x}_2}{S_{\bar{x}_1 - \bar{x}_2}} \tag{2-1}$$

$$\begin{aligned}
S_{\bar{x}_1 - \bar{x}_2} &= \sqrt{\frac{\sum(x_1 - \bar{x}_1)^2 + \sum(x_2 - \bar{x}_2)^2}{(n_1 - 1) + (n_2 - 1)} \times \left(\frac{1}{n_1} + \frac{1}{n_2}\right)} \\
&= \sqrt{\frac{\left[\sum x_1^2 - \frac{(\sum x_1)^2}{n_1}\right] + \left[\sum x_2^2 - \frac{(\sum x_2)^2}{n_2}\right]}{(n_1 - 1) + (n_2 - 1)} \times \left(\frac{1}{n_1} + \frac{1}{n_2}\right)} \\
&= \sqrt{\frac{(n_1 - 1)S_1^2 + (n_2 - 1)S_2^2}{(n_1 - 1) + (n_2 - 1)} \times \left(\frac{1}{n_1} + \frac{1}{n_2}\right)}
\end{aligned} \tag{2-2}$$

当 $n_1 = n_2 = n$ 时,

$$S_{\bar{x}_1 - \bar{x}_2} = \sqrt{\frac{\sum(x_1 - \bar{x}_1)^2 + \sum(x_2 - \bar{x}_2)^2}{n(n-1)}} = \sqrt{\frac{S_1^2}{n} + \frac{S_2^2}{n}} = \sqrt{s_{\bar{x}_1}^2 + s_{\bar{x}_2}^2} \tag{2-3}$$

其中:

$S_{\bar{x}_1 - \bar{x}_2}$ 为均数差异标准误;

n_1、n_2 分别为两样本含量;

$\bar{x}_1$、$\bar{x}_2$ 分别为两样本平均数;

S_1^2、S_2^2 分别为两样本均方。

4. 查临界 t 值,作出统计推断

根据 $df=(n_1 - 1)+(n_2 - 1)$,由附表3查临界 t 值: $t_{0.05(df)}$、$t_{0.01(df)}$。将计算所得 t 值的绝对值与临界 t 值 $t_{0.05(df)}$、$t_{0.01(df)}$ 进行比较,并作出统计推断。

若 $|t| < t_{0.05}$,则 $P>0.05$,不能否定即应该接受无效假设 $H_0: \mu_1=\mu_2$,而否定备择假设

$H_A:\mu_1\neq\mu_2$，表明两个样本平均数所在的总体平均数差异不显著。

若$t_{0.05}\leq|t|<t_{0.01}$，则$0.01<P\leq0.05$，应否定无效假设$H_0:\mu_1=\mu_2$，接受备择假设$H_A:\mu_1\neq\mu_2$，表明两个样本平均数所在的总体平均数差异显著，有95%的把握认为两个样本不是取自同一总体。

若$|t|\leq t_{0.01}$，则$P\leq0.01$，应否定无效假设$H_0:\mu=\mu_2$，接受备择假设$H_A:\mu\neq\mu_2$，表明两个样本平均数所在的总体平均数差异极显著，有99%的把握认为两个样本不是取自同一总体。

若在0.05水平上进行一尾检验，将计算所得t值的绝对值$|t|$与由附表3查得$\alpha=0.10$的临界t值$t_{0.01}$比较，即可作出统计推断，但否定无效假设$H_0:\mu_1=\mu_2$，接受备选假设2或3。

若在0.01水平上进行一尾检验，将计算所得t值的绝对值$|t|$与由附表3查得$\alpha=0.02$的临界t值$t_{0.02}$比较，即可作出统计推断。

5. 结合所研究的问题将统计结论转化为专业结论

【例2-1】初情期日龄较早的母猪具有更好的繁殖性能，某猪场测定12头长白猪与12头大白猪母猪的初情期，结果见表2-2。设两样本所在总体的服从正态分布且方差相等，试检验二品种的初情期有无差异。

表2-2 长白猪与大白猪母猪的初情期

品种	初情期/d	样本含量	平均值/d	方差
长白猪	185 202 198 176 172 196 174 202 184 188 205 183	$n_1=12$	184.4	143.5
大白猪	192 200 184 168 194 184 191 162 172 180 188 198	$n_2=12$	188.8	134.9

解：对二样本的统计量计算分析得，此例$n=n_1=n_2=12$，经计算得$\bar{x}_1=184.4$，$S_1^2=143.5$；$\bar{x}_2=188.8$，$S_2^2=134.9$。

1. 提出无效假设与备择假设

无效假设$H_0:\mu_1=\mu_2$，两品种初情期差异不显著。

备择假设$H_A:\mu_1\neq\mu_2$，两品种初情期差异显著。

2. 选定显著水平α

$\alpha=0.05$或$\alpha=0.01$。

3. 接受H_0，计算t值

因为 $S_{\bar{x}_1-\bar{x}_2}=\sqrt{\dfrac{S_1^2+S_2^2}{n}}=\sqrt{\dfrac{143.5+134.9}{12}}=4.817$

于是 $t=\dfrac{\bar{x}_1-\bar{x}_2}{S_{\bar{x}_1-\bar{x}_2}}=\dfrac{184.4-188.8}{4.817}=-0.913$

$df=(n_1-1)+(n_2-1)=(12-1)+(12-1)=22$

4. 查临界 t 值,作出统计推断

当 $df=22$ 时,由附表3查得临界 t 值为:$t_{0.05(22)}=2.074$。

$|t|=0.913<t_{0.05(22)}=2.074$,$P>0.05$。

故不能否定无效假设 $H_0:\mu_1=\mu_2$

5. 根据以上结果,得出结论

(三)配对试验设计资料的一般形式

将试验单位两两配对,每一对除随机地给予不同处理外,其他试验条件应尽量一致,以检验处理的效果,所得的观测值称为配对资料。配对设计可以消除试验单位不一致对试验结果的影响,正确地估计处理效应,减少系统误差,提高准确性和精确性。

常见的配对形式有:

1. 自身配对 将同一个体的不同时间段、同一指标的不同测定方法或不同部位的两次测试值组成一个对子;

2. 亲缘配对 将同窝的或有一定亲缘关系的个体配成一个对子,这种方式可消除个体间的遗传差异对试验指标的影响;

3. 条件配对 将条件相近的个体配成对子,可性别相同、年龄与体重接近的个体进行配对,从而消除这些因素对试验结果的影响。

配对设计试验资料的一般形式见表2-3。

表2-3 配对设计试验资料的一般形式

处理	观测值 x_{ij}				样本含量	样本平均数	总体平均数
1	x_{11}	x_{12}	$\cdots$	x_{1n}	n	$\bar{x}_1=\sum x_{1j}/n$	μ_1
2	x_{21}	x_{22}	$\cdots$	x_{2n}	n	$\bar{x}_2=\sum x_{2j}/n$	μ_2
$d_j=x_{1j}-x_{2j}$	d_1	d_2	$\cdots$	d_n	n	$\bar{d}=\bar{x}_1-\bar{x}_2$	$\mu_d=\mu_1-\mu_2$

在分析配对设计的试验结果时,只要假设两样本总体差数的平均数 $\mu_d=\mu_1-\mu_2=0$,而不必假定两样本的总体方差 σ_1^2 和 σ_2^2 相同。

设两个样本的观察值分别为 x_1 和 x_2,共配成 n 对,各对观察值的差数为 $d,d=n(\bar{x}_1-\bar{x}_2)$,各对观察值差的平均数为 $\bar{d}=\bar{x}_1-\bar{x}_2$,则差数平均数的标准误 $S_{\bar{d}}$ 为:

$$S_{\bar{d}}=\frac{S_d}{\sqrt{n}}=\sqrt{\frac{\sum(d-\bar{d})^2}{n(n-1)}}=\sqrt{\frac{\sum d^2-(\sum d)^2/n}{n(n-1)}} \tag{2-4}$$

因而

$$t=\frac{\bar{d}-\mu_d}{S_{\bar{d}}},\ df=n-1 \tag{2-5}$$

若无效假设 $H_0: \mu_d=0$，则上式改为：$t=\dfrac{\bar{d}}{S_{\bar{d}}}$，

即可检验 $H_0: \mu_d=0$。

(四)配对试验资料差异检验方法

配对设计两样本平均数差异显著性检验的步骤与非配对设计两样本平均数差异显著性检验的步骤基本相同，但也有不同之处，其步骤如下。

1. 提出无效假设与备择假设

无效假设 $H_0: \mu_d=0$；

备择假设 $H_A: \mu_d \neq 0$。

d 为两样本配对数据的差值，μ_d 为这两样本的差值的总体平均数，它等于两样本所属总体平均数 μ_1 与 μ_2 之差，即 $\mu_d=\mu_1-\mu_2$。所设无效假设、备择假设相当于 $H_0: \mu_1=\mu_2, H_A: \mu_1 \neq \mu_2$。

2. 选定显著水平

显著水平为 $\alpha=0.05$ 或 $\alpha=0.01$。

3. 在接受 H_0 条件下计算 t 值

计算公式为：$t=\dfrac{\bar{d}}{S_{\bar{d}}}$，$df=n-1$

$S_{\bar{d}}$ 为差异标准误：$S_{\bar{d}}=\dfrac{S_d}{\sqrt{n}}=\sqrt{\dfrac{\sum(d-\bar{d})^2}{n(n-1)}}=\sqrt{\dfrac{\sum d^2-(\sum d)^2/n}{n(n-1)}}$

d 为两样本各对数据之差：$d_j=x_{1j}-x_{2j}, (j=1,2,\cdots,n)$

$\bar{d}$ 为对子内差数的平均数：$\bar{d}=\dfrac{\sum d_j}{n}$

S_d 为 d 的标准差。

n 为配对的对子数，即试验的重复数。

4. 查临界 t 值，作出统计推断

根据 $df=n_1-1$ 查临界 t 值：$t_{0.05(n-1)}$ 和 $t_{0.01(n-1)}$。将计算所得 t 值的绝对值与临界 t 值 $t_{0.05(df)}$、$t_{0.01(df)}$ 进行比较，并作出统计推断。

若 $|t|<t_{0.05}$，则 $P>0.05$，不能否定即应该接受无假假设 $H_0: \mu_d=0$，否定备择假设 $H_A: \mu_d \neq 0$，表明两个样本平均数差异不显著。

若 $t_{0.01} t_{0.05} \leq |t| < t_{0.01}$，则 $0.01<P\leq 0.05$，否定无效假设 $H_0: \mu_d=0$，接受备择假设 $H_A: \mu_d \neq 0$，表明两个样本平均数差异显著。

若 $|t|\geq t_{0.01}$，则 $P\leq 0.01$，否定备择假设 $H_A: \mu_d=0$，接受备择假设 $H_A: \mu_d \neq 0$，表明两个样本平均数差异极显著。

【例2-2】仔猪初生重直接影响猪场效益,某猪场统计了15头长白母猪的初产及其经产母猪的仔猪的初生重资料(表2-4),试检验长白母猪初产与经产的仔猪的初生重是否有显著差异。

表2-4　长白母猪的初产和经产的仔猪的初生重　　　　　　　　单位:kg

类型	母猪编号														
	1	2	3	4	5	6	7	8	9	10	11	12	13	14	15
初产	0.97	1.08	0.96	1.17	1.27	1.13	1.3	1.07	1.04	1.43	1.37	1.24	0.95	1.06	1.22
经产	1.34	1.65	1.33	1.32	1.38	1.32	1.41	1.44	1.19	1.56	1.48	1.53	1.16	1.48	1.34

同一头母猪的初产与经产仔猪的初生体重可以认为是配对的,并且是自身配对。采用配对试验时两个样本平均数差异显著性t检验法进行检验。

进一步对二样本的统计量计算(表2-5)分析得:$n=15$,$\bar{d}=-0.2447$,$S_d=0.1442$。

表2-5　配对二样本初产和经产母猪仔猪的初生重分析　　　　　单位:kg

类型	母猪编号														
	1	2	3	4	5	6	7	8	9	10	11	12	13	14	15
初产	0.97	1.08	0.96	1.17	1.27	1.13	1.3	1.07	1.04	1.43	1.37	1.24	0.95	1.06	1.22
经产	1.34	1.65	1.33	1.32	1.38	1.32	1.41	1.44	1.19	1.56	1.48	1.53	1.16	1.48	1.34
$d=x_1-x_2$	-0.37	-0.57	-0.37	-0.15	-0.11	-0.19	-0.11	-0.37	-0.15	-0.13	-0.11	-0.29	-0.21	-0.42	-0.12

1. 提出无效假设与备择假设

无效假设$H_0:\mu_d=0$,即假定同一头母独的初产与经产仔猪的初生重无差异。

备择假设$H_A:\mu_1\neq 0$,即假定同一头母独的初产与经产仔猪的初生重有差异。

2. 选定显著水平α

$\alpha=0.05$或$\alpha=0.01$。

3. 在H_0下计算t值

通过计算得 $\bar{d}=-0.2447$

$$S_{\bar{d}}=\frac{S_d}{\sqrt{n}}=\frac{0.1442}{\sqrt{15}}=0.0372$$

故　　$t=\dfrac{\bar{d}}{S_{\bar{d}}}=\dfrac{-0.2447}{0.0372}=-6.6586$

且　　$df=n-1=15-1=14$

4. 查临界t值,作出统计推断

由$df=14$,查t值表(附表3)得临界t值:$t_{0.01(14)}=2.9768$

$|t|>2.9768$，$P<0.01$，应否定 $H_0: \mu_d=0$，接受 $H_A: \mu_1 \neq 0$

以上结果表明长白猪母猪初产与经产仔猪的初生重不一样，其初生重差异极显著，长白猪母独经产的仔猪初生重极显著高于其初产的仔猪初生重。

三、t-检验应该注意的问题

(一)进行严密合理的试验或抽样设计

为了保证试验结果的可靠及正确，且各处理间要有可比性，即除比较的处理外，其他影响因素应尽可能相同或基本相近，应有严密合理的试验或抽样设计，保证各样本是从相对同质的总体中随机抽取的。这样才能保证统计推断的可靠、正确，否则，任何显著性检验的方法都不能保证结果的正确。

(二)选用的显著性检验方法应符合其应用条件

由于研究变量的类型、问题的性质、条件、试验设计方法、样本大小等各方面的不同，所用的显著性检验方法也不同，因而在选用检验方法时，应认真考虑其适用条件，不能乱用。

(三)要正确理解差异显著或极显著的统计意义

显著性检验结论中的"差异显著"或"差异极显著"不应该误解为相差很大或非常大，也不能认为在专业上一定就有重要或很重要的价值。"显著"或"极显著"是指表面上如此差异的不同样本来自同一总体的可能性小于0.05或0.01，已达到了可以认为它们有实质性差异的显著水平。有些试验结果虽然差别大，但由于试验误差大，也许还不能得出"差异显著"的结论，而有些试验结果间的差异虽小，但由于试验误差小，反而可能推断为"差异显著"。

显著水平的高低只表示下结论的可靠程度的高低。若经t-检验的结论为"差异显著"，在0.05水平下否定无效假设的可靠程度为95%，对结论有95%的把握是正确的，同时要冒5%下错结论的风险；若t-检验的结论为是正确的"差异极显著"，在0.01水平下否定无效假设的可靠程度为99%，对结论有99%的把握是正确的，同时要冒1%下错结论的风险。

"差异不显著"，是指在本次试验条件下，无效假设未被否定，不能理解为试验结果间没有差异。下"差异不显著"的结论时，客观上存在两种可能：一是本质上有差异，但被试验误差所掩盖，表现不出差异的显著性来，如果减小试验误差或增大样本含量，则可能表现出差异显著性；二是可能确无本质上差异。显著性检验只是用来确定无效假设能否被推翻，而不能证明无效假设是正确的。

(四)合理建立统计假设，正确计算检验的统计量

就两个样本平均数差异显著性检验来说，无效假设H_0与备择假设H_A的建立步骤，一

般如前所述,但有时也例外。如从收益与成本的综合经济分析可以知道,饲喂畜禽高质量甲种饲料比乙种饲料增加的成本,需用畜禽生产性能提高 d 个单位获得的收益来相抵,那么在检验喂甲种饲料与乙种饲料在收益上是否有差异时,无效假设应为 $H_0:\mu_1-\mu_2=d$,备择假设为 $H_A:\mu_1-\mu_2\neq d$(两尾检验),或 $H_A:\mu_1-\mu_2>d$(一尾检验)。t-检验计算公式为:

$$t=\frac{(\bar{x}_1-\bar{x})-d}{S_{\bar{x}_1-\bar{x}}}$$

如果不能否定无效假设,可以认为喂高质量的甲种饲料得失相抵,只有当 $(\bar{x}_1-\bar{x})>d$ 达到一定程度而否定了 H_0,才能认为喂甲种饲料可获得更多的收益。

(五)结论不能绝对化

经过显著性检验最终是否否定无效假设应由被研究样本所在总体有无本质差异,试验误差的大小及选用显著水平的高低来决定。同样一种试验,试验本身差异程度,样本含量大小以及显著水平高低的不同,其统计推断的结论可能不同。并且,否定 H_0 时可能犯Ⅰ型错误,接受 H_0 时可能犯Ⅱ型错误,尤其在 P 接近 α 时,下结论应慎重,有时应用重复试验来证明,因此,统计推断不能绝对化,具有实用意义的结论应从多方面综合考虑,不能单纯依靠统计结论。

此外,报告统计推断结论时应列出由样本算得的检验统计数值(如 t 值),注明是一尾检验还是两尾检验,并写出 P 值的范围,如 $P<0.05$、$P<0.01$ 或 $P>0.05$,以便读者结合有关资料进行对比分析。

四、待整理的资料

1. 某研究所开展对鹌鹑品系的选育工作,培育了B系和H系两种品系的鹌鹑,现分别随机抽测两种品系的20只鹌鹑的1周龄体重,数据见表2-6,试检验两种品系的鹌鹑周龄体重间有无显著差异。

表2-6　鹌鹑1周龄体重　　　　　　　　　　　　　　　　　单位:g

品系	周龄体重									
B系	32.8	24.2	33.4	26.0	23.5	24.5	21.8	20.0	27.3	20.0
	30.3	11.8	32.6	26.7	31.6	26.0	26.0	24.0	30.5	25.5
H系	26.5	32.7	39.0	27.5	29.6	36.7	34.5	27.2	34.6	34.0
	35.5	38.2	33.5	26.5	31.5	33.8	25.5	32.5	23.9	33.5

2. 某饲料公司开展二种断奶仔猪饲料对比试验,从试验猪场中,选择20窝父母代猪

的断奶仔猪,每窝抽出性别为雄性、体重相近的仔猪2头,将每窝2头仔猪随机地分配到两个饲料组,进行饲料对比试验,试验时间30天,仔猪的日增重结果见下表(表2-7)。试检验两种饲料饲喂的仔猪日增重间差异是否显著。

表2-7 仔猪日增重数据　　　　　　　　　　　　　　　　　　单位:g

饲料类型	仔猪编号									
	1	2	3	4	5	6	7	8	9	10
A	258	208	232	354	465	347	228	293	357	263
B	207	370	203	360	373	368	203	237	320	297

饲料类型	仔猪编号									
	11	12	13	14	15	16	17	18	19	20
A	253	293	193	212	333	415	322	358	158	217
B	355	338	308	308	258	302	410	422	337	465

单因子资料方差分析

一、目的与要求

如果一个关于计量资料的试验包含多个处理,需要对多个处理组的平均数进行假设检验,就需要采用方差分析(analysis of variance, ANOVA)。方差分析又称"变异数分析"或"F-检验",是R.A.Fisher于1923年提出的,用于检验两个及以上的样本均值是否相等,进而确定因素(因子)对试验结果是否有显著影响,两个以上样本均值差异的显著性检验。科学研究中,由于各种因素的影响,试验所获得的数据常呈现变异,其原因在于:第一,不可控的随机因素;第二,研究中施加的对结果形成影响的可控因素。方差分析将多个处理的观测值作为一个整体看待,将观测值总变异的平方和以及其自由度分解为相对应的不同变异来源的平方和及其自由度,进而获得不同变异来源的总体方差估计值。通过分析研究中不同来源的变异对总变异的贡献大小,从而确定可控因素对研究结果影响力的大小,也就是通过方差分析确定诸多控制变量中哪些变量是对观测变量有显著影响的变量。

科学研究中,试验资料因考察因素的多少,试验目的和设计方法的不同而分为很多类型。对不同类型的试验数据进行方差分析的基本原理和步骤是相同的,但在具体过程中,繁简上有所不同,本实验主要介绍单因素(单因子)资料的方差分析。单因素方差分析,是用来研究一个控制变量的不同水平是否对观测变量产生了显著影响。这里,仅研究单个因素对观测值的影响,因此称为单因素方差分析(单因子方差分析)。

通过本实验学习,结合实训示例和实际资料的整理训练,达到如下目的:

1. 巩固单因素方差分析的基本原理和方法;
2. 熟练运用方差分析步骤和方差分析表进行单因素方差分析;
3. 掌握多重比较的方法。

二、方法与步骤

单因素方差分析的基本步骤如下：

第一步，建立假设检验。

H_0：多个样本总体均值相等（处理间无差异）；

H_A：多个样本总体均值不相等或不全相等（处理间有显著差异）。

显著水平α为0.05（差异显著）或0.01（差异极显著）。该步骤的目的就是明确操作的任务，通过方差分析确定试验所考察的样本间是否存在差异。

第二步，计算体现处理差异检验统计量的F值。

第三步，确定P值并作出推断结果。

该步骤的目的就是计算检验统计量的观测值和相应的概率P值，并作出统计决策。

第四步，对结果进行进一步的分析（差异显著或者极显著）或者做出结论（差异不显著）。

科学研究中，由于试验目的不同，试验设计方法和试验因素也相应不同，所获得的试验资料相应可分为很多类型，因此对不同试验资料进行方差分析在繁简上有所区别，但方差分析的基本原理和步骤是相同的。本章将以单因素试验资料模型为例介绍方差分析的基本原理与步骤。

（一）数据模式与线性模型

首先介绍单因素试验资料的数据模式及线性模型。如果一个单因素试验有a个处理，每个处理有n次重复，即每个处理有n个试验数据，则整个试验可以获得an个试验数据（观测值）。这类试验结果的数据模式如表3-1所示。

表3-1 单因素试验的试验数据模式（a个处理，每个处理有n个重复）

处理	试验数据x_{ij}						总和$x_{i.}$	平均$\bar{x}_{i.}$
A_1	x_{11}	x_{12}	...	x_{1j}	...	x_{1n}	$x_{1.}$	$\bar{x}_1$
A_2	x_{21}	x_{22}	...	x_{2j}	...	x_{2n}	$x_{2.}$	$\bar{x}_2$
...	...	...		...		...	...	...
A_i	x_{i1}	x_{i2}	...	x_{ij}	...	x_{in}	$x_{i.}$	$\bar{x}$
...	...	...		...		...	...	...
A_a	x_{a1}	x_{a2}	...	x_{aj}	...	x_{an}	$x_{a.}$	$\bar{x}$
合计							$x_{..}$	$\bar{x}$

表3-1中，x_{ij}为第i个处理的第j个观测值（$i=1,2,\cdots,a$；$j=1,2,\cdots,n$）；

$x_{i.} = \sum_{j=1}^{n} x_{ij}$ 为第 i 个处理的 n 个观测值之和；

$\bar{x}_{i.} = \frac{1}{n}\sum_{j=1}^{n} x_{ij} = \frac{x_{i.}}{n}$ 为第 i 个处理的 n 个观测值的平均数；

$x_{..} = \sum_{i=1}^{a}\sum_{j=1}^{n} x_{ij} = \sum_{i=1}^{a} x_{i.}$ 为试验全部观测值的总和；

$\bar{x}_{..} = \frac{1}{an}\sum_{i=1}^{a}\sum_{j=1}^{n} x_{ij} = \frac{x_{..}}{an}$ 为试验全部观测值的总平均数。

表3-1中任一观测值 x_{ij} 可以表示为：

$$x_{ij} = \mu + \alpha_i + \varepsilon_{ij} \tag{3-1}$$

其中，μ 为试验全体观测值总体平均数，α_i 为第 i 个处理的效应（即第 i 个处理所属总体的平均数 μ_i 与总平均数 μ 的差值），ε_{ij} 为试验误差，相互独立且都服从 $N(0,\sigma^2)$。公式(3-1)即为单因素资料的线性模型（或数学模型）。在这个模型中，x_{ij} 表示为试验全体观测值总体平均数 μ、处理效应 α_i 和试验误差 ε_{ij} 之和。单因素试验的数学模型具有效应的可加性，分布的正态性和方差的一致性，这也是方差分析的前提和基本假定。公式3-1表明：每个观测值 x_{ij} 都包含处理效应与试验误差两部分，故 an 个观测值的总变异可以分解为处理间变异与试验误差两部分。

(二)平方和与自由度的分解

方差分析用均方（方差）表示资料中各个观测值差异的大小。表3-1中全部观测值总变异程度的大小称为总均方。将总差异分解为处理间差异与误差，即是将总均方分解为处理间均方与误差均方。在方差分析中，对所有观测值的总差异的剖分是通过总平方和与总自由度的剖分来实现的。这种分解是将总均方的分子（总离均差平方和，简称为总平方和），分解为处理间平方和与误差平方和两部分；将总均方的分母（总自由度），分解为处理间自由度与误差自由度两部分。

1. 总平方和的剖分

表3-1中所有观测值的离均差平方和称为总平方和，用 SS_T 表示为

$$SS_T = \sum_{i=1}^{a}\sum_{j=1}^{n}(x_{ij} - \bar{x})^2 = \sum_{i=1}^{a}\sum_{j=1}^{n}[(\bar{x}_i - \bar{x}) + (x_{ij} - \bar{x}_i)]^2$$
$$= n\sum_{i=1}^{a}(\bar{x}_i - \bar{x})^2 + 2\sum_{i=1}^{a}[(\bar{x}_i - \bar{x})\sum_{j=1}^{n}(x_{ij} - \bar{x}_i)] + \sum_{i=1}^{a}\sum_{j=1}^{n}(x_{ij} - \bar{x}_i)^2$$

其中，$\sum_{j=1}^{n}(x_{ij} - \bar{x}_i) = 0$，所以

$$SS_T = n\sum_{i=1}^{a}(\bar{x}_i - \bar{x})^2 + \sum_{i=1}^{a}\sum_{j=1}^{n}(x_{ij} - \bar{x}_i)^2 \qquad (3-2)$$

公式3-2中,$n\sum_{i=1}^{a}(\bar{x}_i - \bar{x})^2$为各个处理平均数$\bar{x}_i$与总平均数$\bar{x}$的离均差平方和与重复数的乘积,反映重复$n$次的组间误差,或称为组间平方和,记为$SS_A$,即

$$SS_A = n\sum_{i=1}^{a}(\bar{x}_i - \bar{x})^2$$

公式3-2中,$\sum_{i=1}^{a}\sum_{j=1}^{n}(x_{ij} - \bar{x}_i)^2$为各个观测值离均差平方和之和,反映试验误差,称为组内平方和或误差平方和,记为SS_e,即

$$SS_e = \sum_{i=1}^{a}\sum_{j=1}^{n}(x_{ij} - \bar{x}_i)^2$$

于是,公式(3-2)可以简写为

$$SS_T = SS_A + SS_e \qquad (3-3)$$

公式(3-3)表明,单因素试验资料总平方和SS_T可以分解为组间平方和SS_A和误差平方和SS_e两部分,在实际计算时常使用下列简便公式:

$$SS_T = \sum_{i=1}^{a}\sum_{j=1}^{n}x_{ij}^2 - C$$

$$SS_A = \frac{1}{n}\sum_{i=1}^{a}x_{i.}^2 - C \qquad (3-4)$$

公式(3-4)中,$C = \dfrac{x_{..}^2}{an}$,称为矫正数。

2. 总自由度的剖分

在表3-1中,计算总平方和SS_T时,an个观测值受条件$\sum_{i=1}^{a}\sum_{j=1}^{n}(x_{ij} - \bar{x}) = 0$的约束,其对应的总自由度$df_T = an - 1$;计算组间平方和$SS_A$时,$a$个处理平均数受条件$\sum_{i=1}^{a}(\bar{x}_i - \bar{x}) = 0$的约束,其对应的组间自由度$df_A = a - 1$;计算误差平方和$SS_e$时,每个处理的$n$个观测值受到条件$\sum_{j=1}^{n}(x_{ij} - \bar{x}_i) = 0$的约束,共有$a$个约束条件,其对应的自由度$df_e = an - a = a(n-1)$。

因为

$$an - 1 = (a - 1) + (an - a) = (a - 1) + a(n - 1)$$

所以

$$df_T = df_A + df_e \tag{3-5}$$

公式(3-5)是单因素试验资料总自由度、处理间自由度、误差自由度的关系式,称为总自由度的分解式。综合以上得到:

$$df_T = an - 1, df_A = a - 1, df_e = df_T - df_A \tag{3-6}$$

用各项平方和除以相应的自由度,即得到各项均方:

总均方 $\qquad MS_T = \dfrac{SS_T}{df_T}$

组间均方 $\qquad MS_A = \dfrac{SS_A}{df_A} \tag{3-7}$

误差均方 $\qquad MS_e = \dfrac{SS_e}{df_e}$

注意:虽然平方和具有可加性,但总均方一般不等于处理间均方与误差均方之和,即均方无可加性。

通过上述对单因素试验资料数据模式的整理,以及对数据资料的平方和与自由度的分解,根据试验数据资料计算获得公式(3-2)至(3-7)相应数值,就可进行单因素方差分析。

(三)期望均方

对于表3-1观测资料的线性模型(3-1)式 $x_{ij} = \mu + \alpha_i + \varepsilon_{ij}$,当检验$H_0$时,假定$H_0: \mu_1 = \mu_2 = \cdots = \mu_a = \mu$ 和 $\sigma_1^2 = \sigma_2^2 = \cdots = \sigma_a^2 = \sigma^2$。第$i$个处理的误差平方和 $SS_{ei} = \sum\limits_{j=1}^{n} e_{ij}^2 = \sum\limits_{j=1}^{n}(x_{ij} - \bar{x}_i)^2$,自由度 $df_{et} = n - 1$,于是第i个处理的误差均方 $MS_{et} = \dfrac{SS_{ei}}{df_{et}}$ 是σ_i^2的无偏估计值,也是σ^2的无偏估计值,因而a个处理的合并均方 $MS_e = \dfrac{SS_e}{df_e} = \dfrac{\sum\limits_{i=1}^{a} SS_{ei}}{\sum\limits_{i=1}^{a} df_{ei}} = \dfrac{\sum\limits_{i=1}^{a}\sum\limits_{j=1}^{n}(x_{ij} - \bar{x}_i)^2}{a(n-1)}$ 也是σ^2的无偏估计值。统计学已经证明 $\dfrac{\sum\limits_{i=1}^{a}(\bar{x}_i - \bar{x})^2}{(a-1)}$ 是 $\sigma_a^2 + \dfrac{\sigma^2}{n}$ 的无偏估计值,因而处理间均方 $MS_A = \dfrac{n\sum\limits_{i=1}^{a}(\bar{x}_i - \bar{x})^2}{(a-1)}$ 是 $n\sigma_a^2 + \sigma^2$ 的无偏估计值。

因为MS_e是σ^2的无偏估计值,MS_A是$n\sigma_a^2 + \sigma^2$的无偏估计值,所以σ^2是MS_e的**数学期望**,$n\sigma_a^2 + \sigma^2$是MS_A的数学期望。均方的数学期望称为期望均方(expected mean square,EMS),简记为EMS。

当处理效应方差 $\sigma^2 = 0$,即各个处理观测值总体平均数 $\mu_i(i = 1, 2, \cdots, a)$ 相等时,处理间均方 MS_A 与误差均方 MS_e 一样,也是误差方差 σ^2 的估计值。方差分析就是通过处理间均方 MS_A 与误差均方 MS_e 的比较来推断 σ_a^2 是否为0,来确定 $\mu_i(i = 1, 2, \cdots, a)$ 是否相等。该步骤的目的也就是建立假设检验,通过方差分析确定试验所考察的样本间是否存在差异。

(四) F 检验 (F-test)

F 检验就是利用 F 分布进行统计假设检验,即用 F 值出现概率的大小推断一个总体方差是否大于另外一个总体方差的假设检验方法。单因素方差分析的 F 检验目的在于推断各个处理观测值总体平均数 $\bar{x}_{i.}$ 是否相等,即推断处理效应是否为0。因此以 $F = MS_A/MS_e$ 计算得到 F 值。

表 3-1 资料单因素试验资料方差分析的 F 检验,F 检验的无效假设为 $H_0: \mu_1 = \mu_2 = \cdots = \mu_a$,备择假设为 H_A: 各 μ_i 不全相等。F 检验就是通过判断 MS_A 所估计的总体方差是否大于 MSe 所估计的误差方差。

在进行 F 检验时,将根据试验获得的资料(表3-1),计算得出 F 值,根据 $df_1 = df_A$(分子均方自由度)、$df_2 = df_e$(分母均方自由度),查询 F 值表中的临界 F 值 ($F_{0.05(df_1, df_2)}$、$F_{0.01(df_1, df_2)}$),将试验数据 F 值与相应临界 F 值进行比较,做出统计推断:

1. 若 $F < F_{0.05(df_1, df_2)}$,则 $P > 0.05$,则不能否定 $H_0: \mu_1 = \mu_2 = \ldots = \mu_a$,表示各个处理观测值总体平均数差异不显著,简述为 F 值不显著。

2. 若 $F_{0.05(df_1, df_2)} \leq F < F_{0.01(df_1, df_2)}$,$0.01 < P \leq 0.05$,否定 $H_0: \mu_1 = \mu_2 = \ldots = \mu_a$,接受 H_A: 各 μ_i 不全相等,表示各个处理观测值总体平均数差异显著,简述为 F 值显著,通常在 F 值右上方标记 "*"。

3. 若 $F \geq F_{0.01(df_1, df_2)}$,则 $P \geq 0.01$,否定 $H_0: \mu_1 = \mu_2 = \ldots = \mu_a$,接受 H_A: 各 μ_i 不全相等,表示表示各个处理观测值总体平均数差异极显著,简述为 F 值极显著,通常在 F 值右上方标记 "**"。

进行方差分析,通常将变异来源、平方和 SS、自由度 df、均方 MS 和 F 值列成方差分析表,同时也将临界 F 值列入表中,如表 3-2。

表 3-2 资料的方差分析表

变异来源	平方和 SS	自由度 df	均方 MS	F 值	临界 F 值
处理间	SS_A	$a-1$	MS_A	MS_A/MS_e	$F_{0.05(df_1, df_2)}$ $F_{0.01(df_1, df_2)}$
误 差	SS_e	$a(n-1)$	MS_e		
总变异	SS_T	$an-1$			

根据公式(3-2)至(3-7),计算单因素试验资料数据平方和SS,自由度df,均方MS,获得相应计算数值,便可计算出试验数据方差分析的F值,与临界F值(α=0.05或0.01)进行比较,得到P值,便可从整体上对试验结果做出判断,也即判断试验所考察的指标(样本)间是否存在差异。

(五)多重比较

上述F检验是一种整体性质的检验。若F检验显著或极显著,否定了无效假设H_0,接受了H_A,只是表明了总体上试验的各个处理平均数间存在显著或极显著差异,但并不意味着所有处理平均数两两之间都存在差异。如果试验的目的需要了解哪些处理间存在真实差异,那么就需要判断各处理平均数两两之间的差异显著性,也就需要进行进一步的多重比较(multiple comparisons),即多个平均数的两两比较。

多重比较的方法有很多,分为LSD法和LSR法,LSR法又分为SSR法和q法,而SSR法在动物科学类专业中运用范围更广,q法与SSR法步骤相同,只不过参数不同,因此本部分介绍LSD法和SSR法。

1. LSD法(Least-Significant Difference)

LSD法(最小显著性差异法),是Fisher于1935年提出的。其实质在于用T检验原理完成各组间的配对比较。LSD检验的敏感性高,各个水平间的均值存在微小的差异也有可能被检验出来。LSD多重比较基本步骤为:

(1)在F检验显著或极显著前提下,先计算出显著水平为α的最小显著差数LSD_α;

LSD_α的计算公式如下:

$$LSD_\alpha = t_{\alpha(df_e)} S_{\bar{x}_i - \bar{x}_j} \tag{3-8}$$

公式(3-8)中$t_{\alpha(df_e)}$为F检验的误差自由度为df_e、显著水平为α(通常采用0.05或0.01)的临界t值,可以根据df_e,从t值表中查询得到显著水平为α(0.05和0.01)的临界t值$t_{0.05(df_e)}$、$t_{0.01(df_e)}$。

$S_{\bar{x}_i - \bar{x}_j}$为均数差数标准误,其计算公式如下:

$$S_{\bar{x}_i - \bar{x}_j} = \sqrt{\frac{2MS_e}{n}} \tag{3-9}$$

(2)将任意2个处理平均数差数的绝对值$|\bar{x}_i - \bar{x}_j|$与LSD_α进行比较:若$|\bar{x}_i - \bar{x}_j| \geq LSD_\alpha$,则表示2个处理观测值总体平均数之间在$\alpha$水平(0.05或0.01)上差异显著,即比较的2个处理组间存在差异。

在进行LSD法进行多重比较时,可列出平均数多重比较表,表中α个处理平均数从大到小自上而下排列,计算并列出两两处理平均数的差数,然后与上面计算的LSD_α进行比较,作出统计推断。如果在α=0.05水平上显著,则在该差数右上方标记"*",如果在α=0.01水平上显著,则在该差数右上方标记"**"。

2. SSR法(shortest significant ranges)

SSR法,是邓肯(Duncan)于1955年提出的,又称为Duncan法,亦称新复极差法(New multiple method)。SSR法多重比较基本步骤为:

(1)在F检验显著或极显著前提下,先计算出显著水平为α的最小显著极差数$LSR_{\alpha,k}$;$LSR_{\alpha,k}$的计算公式如下:

$$LSR_{\alpha,a} = SSR_{\alpha(df_e,a)}S_{\bar{x}} \qquad (3\text{-}10)$$

公式(3-10)中$SSR_{\alpha(df_e,k)}$是根据显著水平为α(通常采用0.05或0.01)、误差自由度df_e、秩次距k,从SSR值表查出的临界SSR值。$S_{\bar{x}}$为均数标准误,其计算公式为:

$$S_{\bar{x}} = \sqrt{\frac{MS_e}{n}} \qquad (3\text{-}11)$$

通过计算均数标准误$S_{\bar{x}}$,根据误差自由度df_e、秩次距k,从SSR值表查出显著水平为0.05、0.01的临界SSR值$SSR_{0.05(df_e,k)}$、$SSR_{0.01(df_e,k)}$,将其乘以$S_{\bar{x}}$,得到各个最小显著极差值$LSR_{0.05,k}$、$LSR_{0.01,k}$。

(2)列出平均数多重比较表,将平均数多重比较表中各个极差分别与对应的$LSR_{0.05,k}$、$LSR_{0.01,k}$进行比较,作出统计推断。

在方差分析判断试验资料数据所考察的指标整体上差异显著的基础上,进行多重比较分析,可以进一步明确考察的指标(不同处理)两两之间是否显著差异。

三、实例

如前所述,科学研究中,如果只研究一个试验因素对试验指标的影响,则称该试验为单因素试验。在畜牧生产动物试验中,单因素试验是最为常见的一种试验设计,单因素试验设计中,根据各个处理组重复数是否相等,单因素试验获得的资料可分为两类:各个处理重复数相等的单因素试验资料和各个处理重复数不相等的单因素试验资料。其方差分析方法和步骤大致相同,但稍有区别,先结合研究中获得的实际试验资料对2种方差分析进行介绍。

(一)各个处理重复数相等的单因素试验资料的方差分析

各个处理重复数相等的单因素试验资料的方差分析的原理与分析步骤与本章第二节所述一致,现结合实际研究中获得的资料进行具体的介绍。

【例3-1】考察新型有机硒日粮添加水平对黄羽肉鸡肌肉组织硒沉积的效果,设计试验如下。375只体重相近、健康的一日龄黄羽肉鸡公鸡,随机分为5个处理,每个处理5个重复,每个重复15只鸡。在饲喂基础日粮的基础中分别添加0 mg/kg(对照组)、0.2、0.4、0.6和0.8 mg/kg 新型有机硒(SeO)。70天试验结束后,试验组每个重复随机抽取一只肉鸡,屠宰取样,取胸肌用于肌肉硒含量测定,获得肉鸡胸肌硒含量数据列于表3-3。检验有机硒添加水平对肉鸡肌肉组织硒沉积是否有影响。

表3-3　5个不同硒水平日粮对肉鸡肌肉组织硒沉积的影响

处理	观测值(x_{ij})					合计($x_{i.}$)	平均($\bar{x}_{i.}$)
0×10^{-6} SeO	0.11	0.09	0.16	0.13	0.15	0.64	0.128
0.2×10^{-6} SeO	0.32	0.30	0.37	0.35	0.36	1.70	0.340
0.4×10^{-6} SeO	0.44	0.46	0.54	0.48	0.58	2.50	0.500
0.6×10^{-6} SeO	0.69	0.70	0.69	0.71	0.70	3.49	0.698
0.8×10^{-6} SeO	0.87	0.77	0.78	0.85	0.92	4.19	0.838
合计						12.52	0.5008

解:这是一个各个处理重复数相等的单因素试验资料。处理数$a=5$,各个处理重复数$n=5$,共有$an=5\times5=25$个观测值。按照本章第二节介绍的步骤进行方差分析:

(1)建立假设

目的是要分析出有机硒日粮添加水平对肉鸡肌肉组织硒沉积是否有影响。

无数假设H_0:

备择假设H_A:

(2)计算各项平方和和自由度

矫正数　　$C = \dfrac{x_{..}^2}{an} = \dfrac{12.52^2}{5\times5} = 6.270016$

总平方和　　$SS_T = \sum\limits_{i=1}^{a}\sum\limits_{j=1}^{n}x_{ij}^2 - C = (0.11^2 + 0.09^2 + \ldots + 0.92^2) - 6.270016$

$= 7.8936 - 6.2700 = 1.6236$

总自由度　　$df_T = an - 1 = 5\times5 - 1 = 24$

组间平方和　　$SS_A = \dfrac{1}{n}\sum\limits_{i=1}^{a}x_{i.}^2 - C = \dfrac{1}{5}\times(0.64^2 + 1.70^2 + \ldots + 4.19^2) - 6.270016$

$= 7.8479 - 6.2700 = 1.5778$

组间自由度　$df_A = a - 1 = 5 - 1 = 4$

误差平方和　$SS_e = SS_T - SS_A = 1.6236 - 1.5778 = 0.4574$

误差自由度　$df_e = df_T - df_A = 24 - 4 = 20$

总均方　$MS_T = \dfrac{SS_T}{df_T} = \dfrac{1.6236}{24} = 0.0676$

组间均方　$MS_A = \dfrac{SS_A}{df_A} = \dfrac{1.5778}{4} = 0.3945$

误差均方　$MS_e = \dfrac{SS_e}{df_e} = \dfrac{0.4574}{20} = 0.0229$

(3) 列出方差分析表进行 F 检验

根据上面公式计算数值,列出方差分析表进行 F 检验(表3-4)。

表3-4　5个不同硒水平日粮对肉鸡肌肉组织硒沉积的影响方差分析表

变异来源	平方和 SS	自由度 df	均方 MS	F 值	临界 F 值
处理间 A	1.5778	4	0.3945	17.25**	$F_{0.01(4,20)} = 4.43$
误　差 e	0.4574	20	0.0229		
总变异 T	1.6236	24			

查询临界方差表(附表4),得到 $F_{0.01(4,20)} = 4.43$。由方差分析表可知,本资料中 $F > F_{0.01(4,20)}$,因此,$P<0.01$,表明有机硒添加水平对肉鸡胸肌中硒沉积量影响差异极显著,因此需要多5个日粮硒水平对肉鸡肌肉组织中硒沉积作多重比较分析。

(4) 多重比较

采用 SSR 法,首先计算 $S_{\bar{x}}$ 值:

$$S_{\bar{x}} = \sqrt{\dfrac{MS_e}{n}} = \sqrt{\dfrac{0.022872}{5}} = 0.0676$$

根据误差自由度 $df_e = 20$,秩次距 $k=2,3,4,5$,从 SSR 值表(附表6)查出显著水平为 0.05、0.01 的临界 SSR 值,将其乘以 $S_{\bar{x}} = 0.0676$,得到各个最小显著极差值 $LSR_{0.05,k}$、$LSR_{0.01,k}$(见表3-5)。

表3-5　临界 SSR 值与试验 LSR 值

df_e	秩次距 k	$SSR_{0.05,k}$	$SSR_{0.01,k}$	$LSR_{0.05,k}$	$LSR_{0.01,k}$
20	2	2.95	4.02	0.199	0.272
	3	3.10	4.22	0.210	0.285
	4	3.18	4.33	0.215	0.293
	5	3.25	4.40	0.220	0.298

不同新型有机硒水平日粮对肉鸡肌肉组织硒沉积量影响的多重比较见表3-6。

表3-6　5个不同硒水平日粮对肉鸡肌肉组织硒沉积的影响多重比较表（SSR法）

硒水平	平均数 $\bar{x}_i$	$\bar{x}_i-0.128$	$\bar{x}_i-0.340$	$\bar{x}_i-0.500$	$\bar{x}_i-0.698$
0.8×10^{-6} SeO	0.838^{aA}	$0.710**$	$0.498**$	$0.338**$	0.140
0.6×10^{-6} SeO	0.698^{abAB}	$0.570**$	$0.358**$	0.198	
0.4×10^{-6} SeO	0.500^{bcBC}	$0.372**$	0.160		
0.2×10^{-6} SeO	0.340^{cCD}	$0.212*$			
0.0×10^{-6} SeO	0.128^{dD}				

（5）得出结论

将表3-6中的差数与表3-5中相应的 LSR 值比较，做出推断。多重比较结果标记于表3-6中。从表3-6可以看出新型有机硒可以在肉鸡肌肉组织中高效沉积，0.8×10^{-6} 添加组极显著高于 0.4×10^{-6}、0.2×10^{-6} 和 0.0×10^{-6} 添加组，0.6×10^{-6} 添加组显著和极显著高于 0.2×10^{-6} 和 0.0×10^{-6} 添加组，0.4×10^{-6} 添加组显著和极显著高于 0.0×10^{-6} 添加组，0.2×10^{-6} 添加组显著高于 0.0×10^{-6} 添加组。

（二）各个处理重复数不相等的单因素试验资料的方差分析

科学试验中，假设试验设计有 a 个处理组，但由于试验条件的限制，每一个处理组的重复数量不同（n 值不同），分别为 $n_1, n_2, ..., n_a$。各个处理重复数不相等的单因素试验资料的方差分析与各个处理重复数相等的单因素试验资料的方差分析步骤相同，在平方和和自由度的计算公式上稍有不同，现简述如下：

试验观测值总个数 $N = \sum_{i=1}^{a} n_i$

矫正数　$C = \dfrac{x_{..}^2}{N}$

总平方和　$SS_T = \sum_{i=1}^{a}\sum_{j=1}^{n_i} x_{ij}^2 - C$

总自由度　$df_T = N - 1$

处理间平方和　$SS_A = \sum_{i=1}^{a} \dfrac{x_{i.}^2}{n_i} - C$

处理间自由度　$df_A = a - 1$

误差平方　$SS_e = SS_T - SS_A$

误差自由度　$df_e = df_T - df_A$

因为各个处理的重复数不同，进行多重比较时，需计算各个处理的平均重复数 n_0 以

计算均数差标准误 $S_{\bar{x}_i - \bar{x}_j}$ 或均数标准误 $S_{\bar{x}}$。n_0 的计算公式如下:

$$n_0 = \frac{1}{a-1}\left(N - \frac{\sum_{i=1}^{a} n_i^2}{N}\right)$$

相应地

$$S_{\bar{x}} = \sqrt{\frac{MS_e}{n_0}} \quad (SSR法)$$

除此之外,分析方法和步骤与重复数相等的单因素试验资料分析方法相同,现结合实际研究中获得的资料进行具体的介绍。

【例3-2】考察2种新型无动物源保育料对断奶仔猪日增重的影响,并与商品饲料进行对比。试验采用单因子随机试验设计,选择体重(7.0~9.0 kg)相近的仔猪132头,随机分成6个处理组,分别为对照组、配方组1、配方组2、商品组1、商品组2和商品组3,各组依次有6,6,6,6,5,4个重复,每个重复4头猪,试验周期为28天。试验结束后,获得仔猪日增重(ADG,以4头猪日增重平均数作为观测值)详细数据列于下表,检验6个品种饲料断奶仔猪日增重有无差异。

表3-7 不同保育料对断奶仔猪日增重的影响 单位:g

处理	日增重 x_{ij}/g						n_i	合计 $x_i.$/g	平均 $\bar{x}_i$/g
对照组	307.00	391.50	451.80	363.40	352.20	404.70	6	2 270.60	378.40
配方1	452.40	443.40	409.60	392.60	428.50	421.10	6	2 547.50	424.60
配方2	463.40	377.80	442.10	440.00	492.30	440.40	6	2 656.00	442.70
商品1	385.24	396.43	435.12	380.00	479.76	342.62	6	2 419.17	403.20
商品2	455.48	467.02	456.43	416.67	443.81		5	2 239.41	447.90
商品3	372.02	368.10	322.50	394.40			4	1 457.02	364.30
合计							33	$x_{..}$=13 589.80	

解:这是一个各个处理重复数不等的单因素试验资料,处理数 $a=5$,试验观测值总个数 $N=6+6+6+6+5+4=33$。方差分析如下:

1.计算各项平方和和自由度

矫正数 $C = \dfrac{x_{..}^2}{N} = \dfrac{13\ 589.8^2}{33} = 5\ 596\ 444.365$

总平方和 $SS_T = \sum_{i=1}^{a}\sum_{j=1}^{n_i} x_{ij}^2 - C = 5\ 663\ 268.44 - 5\ 596\ 444.365 = 66\ 824.075\ 2$

总自由度　　$df_T = N - 1 = 33 - 1 = 32$

处理间平方和 $SS_A = \sum_{i=1}^{a} \frac{x_{i.}^2}{n_i} - C = (\frac{2270.6^2}{6} + \frac{2547.6^2}{6} + ... + \frac{1457.02^2}{4}) - 5596444.365$

$= 5625819.851 - 5596444.365 = 29375.486$

处理间自由度　$df_A = a - 1 = 6 - 1 = 5$

误差平方　　$SS_e = SS_T - SS_A = 66824.07515 - 29375.48635 = 37448.5888$

误差自由度　$df_e = df_T - df_A = 32 - 5 = 27$

总均方　　$MS_T = \dfrac{SS_T}{df_T} = \dfrac{66824.0752}{32} = 2088.2523$

处理间均方　$MS_A = \dfrac{SS_A}{df_A} = \dfrac{29375.4864}{5} = 5875.0973$

误差均方　　$MS_e = \dfrac{SS_e}{df_e} = \dfrac{37448.5888}{27} = 1386.9848$

2.列出方差分析表进行 F 检验

根据上述计算公式,列出方差分析表进行 F 检验(表3-8)。

表3-8　不同保育料对断奶仔猪日增重的影响方差分析表

变异来源	平方和 SS	自由度 df	均方 MS	F 值	临界 F 值
处理间	29375.4864	5	5875.0973	4.24**	$F_{0.01(5,27)} = 3.79$
误差	37448.5888	27	1386.9848		
总变异	66824.0752	32			

由方差分析表可知,本资料中方差 $F = 4.24 > F_{0.01(5,27)} = 3.79$,$P < 0.01$,表明不同保育料对断奶仔猪日增重的影响差异极显著,因此需要对不同处理组断奶仔猪日增重(ADG)作多重比较分析。

3. 多重比较

采用 SSR 法,首先计算 $S_{\bar{x}}$ 值。

$$n_0 = \frac{1}{a-1}(N - \frac{\sum_{i=1}^{k} n_i^2}{N}) = \frac{1}{6-1}(32 - \frac{6^2 + 6^2 + 6^2 + 6^2 + 5^2 + 4^2}{32}) = 5.2438$$

$$S_{\bar{x}} = \sqrt{\frac{MS_e}{n_0}} = \sqrt{\frac{1386.9848}{5.2438}} = 16.2635$$

根据误差自由度 $df_e = 27$,秩次距 $k = 2,3,4,5,6$,从 SSR 值表(附表6)查出显著水平为 0.05、0.01 的临界 SSR 值,将其乘以 $S_{\bar{x}}$(16.2635),得到各个最小显著极差 $LSR_{0.05,k}$、$LSR_{0.01,k}$(见表3-9)。

表3-9 临界SSR值与试验LSR值

df_e	秩次距k	$SSR_{0.05}$	$SSR_{0.01}$	$LSR_{0.05,k}$	$LSR_{0.01,k}$
27	2	2.90	3.91	47.16	63.59
	3	3.04	4.08	49.45	66.36
	4	3.13	4.18	50.90	67.98
	5	3.20	4.28	52.04	69.61
	6	3.26	4.34	53.02	70.58

不同保育料对断奶仔猪日增重影响的多重比较见表3-10。

表3-10 不同保育料对断奶仔猪日增重影响的多重比较表（SSR法）

处理	平均数 $\bar{x}_i$	$\bar{x}_i-364.3$	$\bar{x}_i-378.4$	$\bar{x}_i-403.2$	$\bar{x}_i-424.6$	$\bar{x}_i-442.7$
商品组2	447.9^{aA}	83.6**	69.5*	44.7	23.3	5.2
配方组2	442.7^{aAB}	78.4**	64.3*	39.5	18.1	
配方组1	424.6^{abABC}	60.3*	46.2	21.4		
商品组1	403.2^{abcABC}	38.9	24.8			
对照组	378.4^{bcBC}	14.1				
商品组3	364.3^{cC}					

将表3-10中的差数与表3-9中相应的LSR比较，做出推断。多重比较结果标记于表3-10中。从表3-10可以看出不同保育料对断奶仔猪日增重存在显著和极显著差异。其中商品组2、配方组2和配方组1断奶仔猪日增重两两相比无显著差异，但商品组2和配方组2的断奶的猪日增重均极显著高于对照组和商品组3的仔猪日增重，配方组1的仔猪日增重显著高于商品组3的仔猪日增重。

四、方差分析应该注意的问题

单因素方差分析时，应该根据试验实际情况采用相应的多重比较方法，LSD法实质上就是t-检验，其最适合的比较形式是在进行试验设计时就确定试验目的是各个处理的两两比较，每个处理只比较一次，由于其在比较时没有考虑相互比较的两个处理平均数依照数值大小进行排列的秩序，故有犯I型错误的概率大，统计可靠性低的问题。相对而言，SSR法比LSD更为严格，用LSD法进行多重比较获得的比较显著的差数，用SSR法进行比较有可能不显著。一般来讲，试验获得的资料，采用哪种方法进行多重比较，应该根据试验资料具体情况进行。在生物学试验研究中，由于试验误差较大，常采用SSR法；但如果F检验显著，也可采用LSD法。

五、待整理的资料

1. 本试验采用单因子随机试验设计,选用体重8.05 kg±0.23 kg(杜×长×大)三元杂断奶仔猪96头,随机分成4个处理,其中Ⅰ组为对照组,饲喂基础饲粮,试验组饲喂在基础饲粮中分别添加浓度1、浓度2、浓度3甘草提取物的试验饲粮。每组6个重复,每个重复4头猪,正式试验周期为35天。试验获得仔猪腹泻指数(以4头猪腹泻指数平均数作为观测值)详细数据列于下表(表3-11)。试对数据进行方差分析和多重比较,检验添加不同水平甘草提取物添加对断奶仔猪腹泻指数的影响。

表3-11 不同水平甘草提取物对断奶仔猪腹泻指数影响

处理	腹泻指数 x_{ij}						n_i
对照组	0.58	0.33	0.10	0.22	0.22	0.63	6
浓度1	0.23	0.04	0.15	0.11	0.17	0.18	6
浓度2	0.09	0.19	0.18	0.14	0.05	0.05	6
浓度3	0.09	0.11	0.19	0.06	0.08	0.16	6
合计							24

2. 设计试验如下:375只体重相近、健康的一日龄黄羽肉鸡公鸡,随机分为5个处理,每个处理5个重复,每个重复15只鸡。饲喂基础日粮分别添加0(对照组)、0.2、0.4、0.6 mg和0.8 mg/kg新型有机硒(SeO)。70天试验结束后,获得肉鸡日增重(ADG,以15只鸡日增重平均数作为观测值)详细数据列于下表(表3-12)。试对数据进行方差分析,检验不同有机硒添加水平对肉鸡日增重是否有差异。

表3-12 不同水平有机硒添加水平对黄羽肉鸡日增重影响

有机硒添加水平	日增重 x_{ij}/g					n_i
$0×10^{-6}$ SeO	30.49	31.98	30.48	31.47	32.27	5
$0.2×10^{-6}$ SeO	31.48	32.17	33.82	33.14	30.81	5
$0.4×10^{-6}$ SeO	31.61	31.59	32.02	31.18	30.07	5
$0.6×10^{-6}$ SeO	31.93	32.55	31.48	30.15	30.68	5
$0.8×10^{-6}$ SeO	29.42	30.87	31.00	32.54	31.16	5
合计						25

3. 试验采用单因素试验设计,将体重为(1.05±0.06)kg的100只试验兔随机分为5组

(每组10个重复,每个重复2只兔),5组试验兔分别饲喂5种饲粮,包括对照饲粮(C组)和4种以黑麦草粉替代对照饲粮中25%(S25组)、50%(S50组)、75%(S75组)和100%(S100组)苜蓿草粉的测试饲粮,进行28 d的饲养试验。获得肉兔平均日采食量(ADFI,以每个重复日采食量平均数作为观测值)(表3-13)。试对数据进行方差分析和多重比较,检验5种饲粮对生长肉兔的平均日采食量有无差异。

表3-13 不同比例黑麦草粉饲粮对生长肉兔平均日采食量的影响

组别	日采食量 x_{ij}/g									n_i
对照组	101.23	100.56	100.78	108.32	96.78	95.74	97.89	105.81	105.32	106.58	10
S25组	100.54	102.56	109.58	95.37	96.84	97.32	101.39	110.32	102.87	103.02	10
S50组	105.38	106.32	105.29	106.82	112.35	109.87	110.58	115.86	102.89	102.88	10
S75组	100.58	102.59	103.60	105.82	98.76	97.88	106.82	107.52			8
S100组	101.52	106.38	100.78	102.88	103.89	104.56	97.82	95.63			8
合计											46

4. 将300只处于产蛋高峰期的健康粉壳罗曼蛋鸡随机分为5个处理组,每个处理6个重复,每个重复10只鸡。处理组一为对照组,饲喂豆粕型基础日粮,处理组二、三、四、五分别饲喂在基础日粮中添加了10、30、50、70 mg/kg的镉($CdCl_2$形式)的日粮。试验前期对蛋鸡进行预饲1周,残留试验期8周,试验结束后,收集鸡蛋检测获得蛋黄镉残留含量,详细数据列于下表(表3-14)。试对数据进行方差分析和多重比较,检验不同镉添加水平对蛋鸡蛋黄镉残留是否有差异。

表3-14 重金属镉添加水平对粉壳罗曼蛋鸡蛋黄中镉残留的影响

组别	镉含量 x_{ij}/(μg/kg)						n_i
对照组	2.34	1.64	2.82	2.89	2.75	3.64	6
处理组二	3.89	3.38	3.71	4.54	5.64	4.54	6
处理组三	17.57	16.46	13.62	17.27	16.18	15.97	6
处理组四	35.19	28.93	27.58	29.39	31.56		5
处理组五	38.65	40.63	49.56	49.88			4
合计							46

5. 本试验采用单因子随机试验设计,选用断奶日龄为21天,体重(7.10±0.31)kg(杜×长×大)三元杂种仔公猪96头,随机分成4个处理,其中对照组饲喂基础饲粮,试验组Ⅰ

组、Ⅱ组和Ⅲ组分别在饲喂基础饲粮中添加浓度1,浓度2,浓度3的菊粉试验饲粮。每组8个重复,每个重复3头猪,正式试验周期为21天。试验结束后,获得仔猪日采食量(ADFI,每个重复平均数作为观测值)详细数据列于下表(表3-15)。试对数据进行方差分析,检验添加不同比例的菊粉对断奶仔猪日采食量有无差异。

表3-15　饲粮中添加不同比例的菊粉对断奶仔猪平均日采食量的影响

组别	日采食量 x_{ij}/g							n_i
对照组	462.38	360.95	371.67	395.00	380.76	397.00	344.62	364.10	8
Ⅰ组	448.48	498.95	423.10	421.43	399.95	421.19	360.67	374.52	8
Ⅱ组	312.38	364.29	325.00	357.62	345.29	455.86	398.67		7
Ⅲ组	426.67	470.38	351.67	320.62	334.29	419.05			6
合计									29

实训四 二因子资料方差分析

一、目的与要求

通过本部分的实训操作,可以达到如下目的:第一,理解二因子交叉分组资料的特点;第二,熟练掌握二因子交叉分组无重复和有重复两种资料的具体检验方法;第三,了解主效应、互作效应的概念以及理解试验设置重复的意义。

二、方法与步骤

当研究的性状同时受到两个因子的影响,需要同时对两个因子进行分析时,可进行两因子方差分析。所谓二因子交叉分组是指 A 因子的每个水平与 B 因子的每个水平交叉搭配组合,即 A 因子有 a 个水平,B 因子有 b 个水平,进行交叉搭配共 ab 个组合,每个组合即为一个试验处理。二因子交叉分组资料又分为处理(或者组合)内无重复观测值和有重复观测值两种资料。

(一)二因子交叉分组无重复观测值资料的方差分析

1. 数据模式

A、B 两因子分别有 a、b 个水平,交叉分组,共有 ab 个水平组合,每个水平组合只有 1 个观测值,即无重复观测值,全试验共有 ab 个观测值,其数据模式见表(4-1)。

表4-1 二因子交叉分组无重复观测值资料的数据模式

A因子	B因子 B_1	B_2	⋯	B_j	⋯	B_b	合计 $x_{i\cdot}$	平均 $\bar{x}_{Ai}$
A_1	x_{11}	x_{12}	⋯	x_{1j}	⋯	x_{1b}	$x_{\cdot 1}$	$\bar{x}_{A1}$
A_2	x_{21}	x_{22}	⋯	x_{2j}	⋯	x_{2b}	$x_{\cdot 2}$	$\bar{x}_{A2}$
⋮	⋮	⋮	⋮	⋮	⋮	⋮	⋮	⋮
A_i	x_{i1}	x_{i2}	⋯	x_{ij}	⋯	x_{ib}	$x_{\cdot i}$	$\bar{x}_{Ai}$
⋮	⋮	⋮	⋮	⋮	⋮	⋮	⋮	⋮
A_a	x_{a1}	x_{a2}	⋯	x_{aj}	⋯	x_{ab}	$x_{\cdot a}$	$\bar{x}_{Aa}$
合计 $x_{\cdot j}$	$x_{1\cdot}$	$x_{2\cdot}$	⋯	$x_{j\cdot}$	⋯	$x_{b\cdot}$	$x_{\cdot\cdot}$	$\bar{x}$
平均 $\bar{x}_{Bj}$	$\bar{x}_{B1}$	$\bar{x}_{B2}$	⋯	$\bar{x}_{Bj}$	⋯	$\bar{x}_{Bb}$		

其中，x_{ij}代表因子A的第i个水平和因子B的第j个水平搭配组合的观测值；$x_{Ai.}$代表因子A的第i个水平的所有观测值之和，$\bar{x}_{Ai}$代表因子A的第i个水平的所有观测值平均数；$x_{Bj.}$代表因子B的第j个水平的所有观测值之和，$\bar{x}_{Bj}$代表因子B的第j个水平的所有观测值平均数；$x_{..}$代表全试验所有ab个观测值的总和，$\bar{x}$代表全试验所有ab个观测值的平均数。即：

$$x_{.i} = \sum_{j=1}^{b} x_{ij}, \bar{x}_{Ai} = \frac{1}{b} x_{.i}, x_{.j} = \sum_{i=1}^{a} x_{Bj}, \bar{x}_{.j} = \frac{1}{a} x_{.j}$$

$$x_{..} = \sum_{i=1}^{a}\sum_{j=1}^{b} x_{ij}, \bar{x} = \frac{1}{ab}\sum_{i=1}^{a}\sum_{j=1}^{b} x_{ij}$$

2. 数学模型

二因子交叉分组无重复资料的数学模型可表示为：

$$x_{ij} = \mu + \alpha_i + \beta_j + \varepsilon_{ij}(i=1,2,\cdots,a; j=1,2,\cdots,b) \tag{4-1}$$

其中：

x_{ij}为因子A的第i个水平和因子B的第j个水平搭配组合的观测值；

μ为总体平均数；

α_i为因子A的第i个水平的效应；

β_j为因子B的第j个水平的效应；

ε_{ij}为随机误差，假设所有的ε_{ij}都服从正态分布$N(0,\sigma^2)$且彼此独立。

3. 方差分析的方法与步骤

根据方差分析的基本原理，二因子交叉分组无重复资料共ab个数据构成整个数据模式的总变异，其可剖分为A因子各水平间的组间变异，B因子各水平间的组间变异和误差三部分，则总平方和和总自由度可剖分：

$$SS_T = SS_A + SS_B + SS_e$$
$$df_T = df_A + df_B + df_e$$

（1）平方和与自由度的计算

校正数：$C = \dfrac{x_{..}^2}{ab}$

总平方和：$SS_T = \sum_{i=1}^{a}\sum_{j=1}^{b}(x_{ij} - \bar{x})^2 = \sum_{i=1}^{a}\sum_{j=1}^{b} x_{ij}^2 - C$

A因子平方和：$SS_A = b\sum_{i=1}^{a}(\bar{x}_{Ai} - \bar{x})^2 = \dfrac{1}{b}\sum_{i=1}^{a} x_{.i}^2 - C$

B因子平方和：$SS_B = a\sum_{j=1}^{b}(\bar{x}_{Bj} - \bar{x})^2 = \dfrac{1}{a}\sum_{j=1}^{b} x_{.j}^2 - C$

误差平方和：$SS_e = SS_T - SS_A - SS_B$

总自由度：$df_T = ab - 1$

A 因子自由度：$df_A = a - 1$

B 因子自由度：$df_B = b - 1$

误差自由度：$df_e = df_T - df_A - df_B$

（2）计算均方与 F 值

A 因子均方：$MS_A = \dfrac{SS_A}{df_A}$

B 因子均方：$MS_B = \dfrac{SS_B}{df_B}$

误差均方：$MS_e = \dfrac{SS_e}{df_e}$

A 因子 F 值：$F_A = \dfrac{MS_A}{MS_e}$

B 因子 F 值：$F_B = \dfrac{MS_B}{MS_e}$

（3）列方差分析表，进行 F 检验，做统计推断

将以上统计分析结果总结列于方差分析表（4-2）中，进行 F 检验。

表4-2　两因子交叉分组无重复资料的方差分析表

变异来源	平方和 SS	自由度 df	均方 MS	F 值	P 值
因子 A	SS_A	df_A	MS_A	F_A	$F_A > F_{\alpha(df_A, df_e)}$，则 $P < \alpha$ ；$F_A < F_{\alpha(df_A, df_e)}$，则 $P > \alpha$
因子 B	SS_B	df_B	MS_B	F_B	$F_B > F_{\alpha(df_B, df_e)}$，则 $P < \alpha$ ；$F_B < F_{\alpha(df_B, df_e)}$，则 $P > \alpha$
误　差	SS_e	df_e	MS_e		
总变异	SS_T	df_T			

对于给定的显著性水平 α，根据 A 因子的自由度 df_A 和误差自由度 df_e，由 F 值表（附表4）查 $F_{\alpha(df_A, df_e)}$，若 $F_A < F_{\alpha(df_A, df_e)}$，则 $P > \alpha$，结果表明 A 因子各水平间的处理效应差异不显著；若 $F_A > F_{\alpha(df_A, df_e)}$，则 $P < \alpha$，结果表明 A 因子各水平间的处理效应差异达到显著水平，需要进一步进行多重比较。同理，由附表4查 $F_{\alpha(df_B, df_e)}$，若 $F_B < F_{\alpha(df_B, df_e)}$，则 $P > \alpha$，结果表明 B 因子各水平间的处理效应差异不显著；若 $F_B > F_{\alpha(df_B, df_e)}$，则 $P < \alpha$，结果表明 B 因子各水平间处理效应差异达到显著水平，需要进一步进行多重比较。

(4)多重比较

A因子或B因子各水平间差异性进行多重比较的方法,可参考单因素方差分析的多重比较方法。以Duncan法为例,对于A因子各水平而言,其每水平的重复数为b,则 $LSR_{ij} = SSR_{\alpha(k,df_e)}\sqrt{\dfrac{MS_e}{b}}$;对于B因子各水平而言,其每水平的重复数为$a$,则 $LSR_{ij} = SSR_{\alpha(k,df_e)}\sqrt{\dfrac{MS_e}{a}}$。其中,$SSR_{\alpha(k,df_e)}$为误差自由度为$df_e$,秩次距为$k$,显著性水平为$\alpha$时的$SSR$值(附表6)。

【例4-1】为研究4种饲料的营养价值,现将32只大鼠按窝别相同、体重相近等条件划分为8个单位组组,每个单位组中的4只大鼠随机分到4组中,分别用4种含有不同营养素的饲料饲养。4周后测量体重增重(g),结果见(表4-3)。问4种饲料的饲喂效果有无差别?

表4-3 4种饲料饲养大鼠4周后的增重　　　　　　　　　　　　　单位:g

单位组号	甲种	乙种	丙种	丁种	合计$x_{\cdot j}$	平均$\bar{x}_{Bj}$
1	24	15	37	57	133	33.25
2	42	28	37	51	158	39.50
3	60	29	47	53	189	47.25
4	50	29	42	51	172	43.00
5	42	24	34	60	160	40.00
6	39	38	27	69	173	43.25
7	47	21	32	54	154	38.50
8	53	37	42	59	191	47.75
合计$x_{i\cdot}$	357	221	298	454	$x_{\cdot\cdot}=1\,330$	
平均$\bar{x}_{Ai}$	44.63	27.63	37.25	56.75	$\bar{x}=41.56$	

解:本例是一个随机单位组设计的数据资料,即试验设计时将单位组看成一个因子,与试验研究因子一起构成一个二因子交叉分组无重复观测值资料的数据模式。现将试验研究因子饲料记为A因子,其包括4种饲料即为4个水平($a=4$);将单位组因子记为B因子,其包括8个单位组即为8个水平($b=8$)。

(1)平方和与自由度的计算

校正数:$C = \dfrac{x_{\cdot\cdot}^2}{ab} = \dfrac{1\,330^2}{4 \times 8} = 55\,278.13$

总平方和:$SS_T = \sum\limits_{i=1}^{a}\sum\limits_{j=1}^{b}(x_{ij} - \bar{x})^2 = \sum\limits_{i=1}^{a}\sum\limits_{j=1}^{b}x_{ij}^2 - C = 60\,666 - 55\,278.13 = 5\,387.87$

A 因子平方和：$SS_A = b\sum_{i=1}^{a}(\bar{x}_{Ai} - \bar{x})^2 = \frac{1}{b}\sum_{i=1}^{a}x_{i\cdot}^2 - C = \frac{1}{8}(357^2 + 221^2 + 298^2 + 454^2) - 55\,278.13 = 3\,623.12$

B 因子平方和：$SS_B = a\sum_{j=1}^{b}(\bar{x}_{Bj} - \bar{x})^2 = \frac{1}{a}\sum_{j=1}^{b}x_{\cdot j}^2 - C$

$= \frac{1}{4}(133^2 + 158^2 + 189^2 + 172^2 + 160^2 + 173^2 + 154^2 + 191^2) - 55\,278.13 = 642.87$

误差平方和：$SS_e = SS_T - SS_A - SS_B = 5\,387.87 - 3\,623.12 - 642.87 = 1\,121.88$

总自由度：$df_T = ab - 1 = 32 - 1 = 31$

A 因子自由度：$df_A = a - 1 = 4 - 1 = 3$

B 因子自由度：$df_B = b - 1 = 8 - 1 = 7$

误差自由度：$df_e = df_T - df_A - df_B = 31 - 3 - 7 = 21$

(2) 计算均方与 F 值

A 因子均方：$MS_A = \frac{SS_A}{df_A} = \frac{3\,623.12}{3} = 1\,207.71$

B 因子均方：$MS_B = \frac{SS_B}{df_B} = \frac{642.87}{7} = 91.84$

误差均方：$MS_e = \frac{SS_e}{df_e} = \frac{1\,121.88}{21} = 53.42$

A 因子 F 值：$F_A = \frac{MS_A}{MS_e} = \frac{1\,207.71}{53.42} = 22.61$

B 因子 F 值：$F_B = \frac{MS_B}{MS_e} = \frac{91.84}{53.42} = 1.72$

(3) 列方差分析表(4-4)，进行 F 检验，做统计推断

因为饲料间 $F_A = 22.61 > F_{0.01(3,21)} = 4.87$，则 $P < 0.01$；单位组间 $F_B = 1.72 < F_{0.05(7,21)} = 2.49$，则 $P > 0.05$。结果表明 4 种饲料饲喂大鼠后的饲喂效果差异极显著，不同单位组之间差异不显著。现对 4 种饲料的饲喂效果进行多重比较。

表4-4 例4.1资料的方差分析表

变异来源	平方和 SS	自由度 df	均方 MS	F 值	P 值
饲料	3 623.12	3	1 207.71	22.61	$F_A > F_{0.01(3,21)} = 4.87$，则 $P < 0.01$
单位组	642.87	7	91.84	1.72	$F_B < F_{0.05(7,21)} = 2.49$，则 $P > 0.05$
误差	1 121.88	21	53.42		
总变异	5 387.87	31			

(4) 多重比较

采用Duncan法对甲种、乙种、丙种、丁种四种饲料间的差异进行多重比较。

第一步，计算标准误 $S_{\bar{x}}$：由于饲料因子（A因子）的重复数为b，则标准误 $S_{\bar{x}}$ 的计算公式如下：

$$S_{\bar{x}} = \sqrt{\frac{MS_e}{b}} = \sqrt{\frac{53.42}{8}} = 2.58$$

第二步，根据误差自由度 $df_e=21$，秩次距 $k=2、3、4$，从SSR表中（附表6）查出 $\alpha=0.05$ 和 $\alpha=0.01$ 的临界SSR值（表4-5），然后乘以 $S_{\bar{x}}=2.58$，乘积即为最小显著极差值LSR（表4-5）。

表4-5 例4.1资料多重比较的临界SSR值和LSR值表

误差自由度 df_e	秩次距 k	$SSR_{0.05}$	$SSR_{0.01}$	$LSR_{0.05}$	$LSR_{0.01}$
	2	2.94	4.01	7.59	10.35
21	3	3.09	4.20	7.97	10.84
	4	3.18	4.31	8.20	11.12

第三步，对四种饲料间的差异进行多重比较（表4-6）。

表4-6 例4.1资料多重比较表

饲料	平均数 $\bar{x}_i$	$\bar{x}_i - 27.63$	$\bar{x}_i - 37.25$	$\bar{x}_i - 44.63$
丁种	56.75[aA]	29.12**	19.50**	12.12**
甲种	44.63[bA]	17.00**	7.38	
丙种	37.25[bBC]	9.63*		
乙种	27.63[cA]			

多重比较结果表明，丁种饲料对大鼠的饲喂效果极显著高于其余三种饲料的饲喂效果；甲种饲料对大鼠的饲喂效果极显著高于乙种饲料的饲喂效果，与两种的的饲喂效果之间无显著差异；最后，丙种饲料对大鼠的饲喂效果显著高于乙种饲料的饲喂效果。

（二）二因子交叉分组有重复观测值资料的方差分析

二因子交叉分组无重复观测值资料的方差分析只能用于两因子间不存在互作或互作很小的情况，此时，统计分析着重的是A因子和B因子的主效应。所谓主效应指因子A（或因子B）各水平之间对试验观测值的影响，即因子A（或因子B）的相对独立作用。所谓交互作用是指同时研究两个或两个以上试验因子时，其中一个因子的作用影响其他因子的作用。例如,下表(4-7)为某一试验数据资料,从表(4-7)可见,A因子有a_1、a_2两个水平,B因子有b_1、b_2两个水平。$a_2 - a_1$称为a_2与a_1比较的简单效应;$b_2 - b_1$称为b_2与b_1比较的简单效应。结果$a_2 - a_1$在b_1水平下为2,在b_2水平下为6;同时,$b_2 - b_1$在a_1水平下为4,在a_2水平下为8。以上结果说明因子A的简单效应则随因子B的水平不同而不同,因子B的简单效应也随因子A的水平不同而不同,以上结果表明A、B两因子间存在互作。假设将表(4-7)中a_2b_2组合的数值18改为14,则因子A的简单效应在b_1、b_2两个水平下都是2,说明$a_2 - a_1$的结果与B因子的水平变动无关,同时因子B的简单效应在a_1、a_2两个水平下都是4,说明$b_2 - b_1$结果与A因子的水平变动,这种情况称A、B两因子间无互作。

表4-7 互作效应示意表

因子B	因子A a_1	因子A a_2	$a_2 - a_1$
b_1	8	10	2
b_2	12	18(14)	6(2)
$b_2 - b_1$	4	8(4)	

若A因子与B因子间存在交互作用,每个水平组合需要设置重复,其原因有两个。第一,从理论上而言,二因子数据资料的总变异应剖分为A因子的主效应、B因子的主效应、互作效应和误差四个部分。但是如上所述,二因子交叉无重复资料的总变异剖分为A因子的主效应、B因子的主效应和误差。可见,若二因子存在交互作用,则无重复资料模式的误差部分还包含了互作效应部分,这样将导致统计结果中MS_e相对增大,进而导致F_A和F_B降低,检验的灵敏度下降,最终有可能掩盖试验因素各水平均数差异的显著性,从而增大犯Ⅱ型错误的概率。其次,每个水平组合(处理)仅设置一个试验单位,试验中每水平组合(处理)仅获取一个观测值,所获得的无重复资料将无法正确估计试验误差,进而不能进一步估计两因子间的交互作用。

综上,进行多因子试验一般应设置重复,每个水平组合(处理)有2个或2个以上重复观测值,才能正确估计试验误差,研究因子间交互作用。

下面介绍二因子交叉分组有重复观测值资料的方差分析方法与步骤。

1. 数据模式

A、B两因子分别有a、b个水平,交叉分组,共有ab个水平组合,每个水平组合有n个重复观测值,全试验共有abn个观测值,其数据模式见表(4-8)。

表 4-8　二因子交叉分组有重复观测值资料的数据模式

A因子	B因子 B$_1$	B$_2$	⋯	B$_b$	合计 $x_{\cdot i \cdot}$	平均 $\bar{x}_{Ai}$
A_1	$x_{111}, x_{112}, \cdots, x_{11n}$ $x_{\cdot 11}$ $\bar{x}_{A1B1}$	$x_{121}, x_{122}, \cdots, x_{12n}$ $x_{\cdot 12}$ $\bar{x}_{A1B2}$	⋯ ⋯	$x_{1b1}, x_{1b2}, \cdots, x_{1bn}$ $x_{\cdot 1b}$ $\bar{x}_{A1Bb}$	$x_{\cdot 1 \cdot}$	$\bar{x}_{A1}$
A_2	$x_{211}, x_{212}, \cdots, x_{21n}$ $x_{\cdot 21}$ $\bar{x}_{A2B1}$	$x_{221}, x_{222}, \cdots, x_{22n}$ $x_{\cdot 22}$ $\bar{x}_{A2B2}$	⋯	$x_{2b1}, x_{2b2}, \cdots, x_{2bn}$ $x_{\cdot 2b}$ $\bar{x}_{A2Bb}$	$x_{\cdot 2 \cdot}$	$\bar{x}_{A2}$
⋮	⋮	⋮		⋮	⋮	⋮
A_a	$x_{a11}, x_{a12}, \cdots, x_{a1n}$ $x_{\cdot a1}$ $\bar{x}_{AaB1}$	$x_{a21}, x_{a22}, \cdots, x_{a2n}$ $x_{\cdot a2}$ $\bar{x}_{AaB2}$	⋯ ⋯	$x_{ab1}, x_{ab2}, \cdots, x_{abn}$ $Tx_{\cdot ab}$ $\bar{x}_{AaBb}$	$x_{\cdot a \cdot}$	$\bar{x}_{Aa}$
合计 $x_{\cdot \cdot j}$ 平均 $\bar{x}_{Bj}$	$x_{\cdot \cdot 1}$ $\bar{x}_{B1}$	$x_{\cdot \cdot 2}$ $\bar{x}_{B2}$	⋯	$x_{\cdot \cdot b}$ $\bar{x}_{Bb}$	$x_{\cdots}$	$\bar{x}$

其中，
$$x_{\cdot ij} = \sum_{k=1}^{n} x_{ijk},\ \bar{x}_{AiBj} = \frac{1}{n} x_{\cdot ij}$$
$$x_{\cdot i \cdot} = \sum_{j=1}^{b}\sum_{k=1}^{n} x_{ij},\ \bar{x}_{Ai} = \frac{1}{b} x_{\cdot i \cdot}$$
$$x_{\cdot \cdot j} = \sum_{i=1}^{a}\sum_{k=1}^{n} x_{ij},\ \bar{x}_{Bj} = \frac{1}{a} x_{\cdot \cdot j}$$
$$x_{\cdots} = \sum_{i=1}^{a}\sum_{j=1}^{b}\sum_{k=1}^{n} x_{ijk},\ \bar{x} = \frac{1}{abn} x_{\cdots}$$

2. 数学模型

二因子交叉分组有重复资料的数学模型可表示为：

$$x_{ijk} = \mu + \alpha_i + \beta_j + (\alpha\beta)_{ij} + \varepsilon_{ijk} \tag{4-1}$$
$$(i = 1, 2, \cdots, a; j = 1, 2, \cdots, b; k = 1, 2, \cdots, n)$$

其中：

x_{ijk} 代表因子 A 的第 i 个水平和因子 B 的第 j 个水平搭配组合中的第 k 个观测值；

μ 为总体平均数；

α_i 为因子 A 的第 i 个水平的主效应；

β_j 为因子 B 的第 j 个水平的主效应；

$(\alpha\beta)_{ij}$ 为因子 A 的第 i 个水平和因子 B 的第 j 个水平的互作效应；

ε_{ijk} 为随机误差，假设所有的 ε_{ijk} 都服从正态分布 $N(0, \sigma^2)$，且彼此独立。

3. 方差分析的方法与步骤

根据方差分析的基本原理，二因子交叉分组有重复观测值资料的总变异可剖分为 ab

个水平组合间变异(组间变异)和误差(组内变异)两部分,即:
$$SS_T = SS_t + SS_e$$
$$df_T = df_t + df_e$$

由于水平组合间变异(组间变异)可再剖分为 A 因子各水平间变异(A 因子主效应)、B 因子各水平间变异(B 因子主效应)和互作效应,即:
$$SS_t = SS_A + SS_B + SS_{A \times B}$$
$$df_t = df_A + df_B + df_e$$

综上,二因子交叉有重复观测值资料总变异的平方和和自由度可剖分为:
$$SS_T = SS_A + SS_B + SS_{A \times B} + SS_e$$
$$df_T = df_A + df_B + df_{A \times B} + df_e$$

(1)平方和与自由度的计算

校正数:$C = \dfrac{x_{\ldots}^2}{abn}$

总平方和:$SS_T = \sum\limits_{i=1}^{a}\sum\limits_{j=1}^{b}\sum\limits_{k=1}^{n}(x_{ijk} - \bar{x})^2 = \sum\limits_{i=1}^{a}\sum\limits_{j=1}^{b}\sum\limits_{k=1}^{n}x_{ijk}^2 - C$

处理(组间)平方和:$SS_t = n\sum\limits_{i=1}^{a}\sum\limits_{j=1}^{b}(\bar{x}_{AiBj} - \bar{x})^2 = \dfrac{1}{n}\sum\limits_{i=1}^{a}\sum\limits_{j=1}^{b}x_{\cdot ij}^2 - C$

误差(组内)平方和:$SS_e = SS_T - SS_t$

A 因子平方和:$SS_A = bn\sum\limits_{i=1}^{a}(\bar{x}_{Ai} - \bar{x})^2 = \dfrac{1}{bn}\sum\limits_{i=1}^{a}x_{\cdot i \cdot}^2 - C$

B 因子平方和:$SS_B = an\sum\limits_{j=1}^{b}(\bar{x}_{Bj} - \bar{x})^2 = \dfrac{1}{an}\sum\limits_{j=1}^{b}x_{\cdot \cdot j}^2 - C$

互作平方和:$SS_{A \times B} = SS_t - SS_A - SS_B$

总自由度:$df_T = abn - 1$

处理(组间)自由度:$df_t = ab - 1$

误差(组内)自由度:$df_e = df_T - df_t = ab(n - 1)$

A 因子自由度:$df_A = a - 1$

B 因子自由度:$df_B = b - 1$

互作自由度:$df_{A \times B} = df_t - df_A - df_B = (a - 1)(b - 1)$

(2)计算均方与 F 值

A 因子均方:$MS_A = \dfrac{SS_A}{df_A}$

B 因子均方:$MS_B = \dfrac{SS_B}{df_B}$

互作均方：$MS_{A\times B} = \dfrac{SS_{A\times B}}{df_{A\times B}}$

误差均方：$MS_e = \dfrac{SS_e}{df_e}$

A 因子 F 值：$F_A = \dfrac{MS_A}{MS_e}$

B 因子 F 值：$F_B = \dfrac{MS_B}{MS_e}$

互作 F 值：$F_{A\times B} = \dfrac{MS_{A\times B}}{MS_e}$

(3) 列方差分析表，进行 F 检验，做统计推断

将以上统计分析结果总结列于方差分析表(4-9)中，进行 F 检验。对于给定的显著性水平 α，由附表4查 $F_{\alpha(df_A,df_e)}$，若 $F_A < F_{\alpha(df_A,df_e)}$，则 $P > \alpha$，结果表明A因子各水平间处理效应差异不显著；若 $F_A > F_{\alpha(df_A,df_e)}$，则 $P < \alpha$，结果表明A因子各水平间处理效应差异达显著水平，需要进一步进行多重比较。此外，由附表4查 $F_{\alpha(df_B,df_e)}$，若 $F_B < F_{\alpha(df_B,df_e)}$，则 $P > \alpha$，结果表明B因子各水平间处理效应差异不显著；若 $F_B > F_{\alpha(df_B,df_e)}$，则 $P < \alpha$，结果表明B因子各水平间处理效应差异达显著水平，需要进一步进行多重比较。最后，由附表4查 $F_{\alpha(df_{A\times B},df_e)}$，若 $F_{A\times B} < F_{\alpha(df_{A\times B},df_e)}$，则 $P > \alpha$，结果表明因子A、因子B之间的交互作用不显著；若 $F_{A\times B} > F_{\alpha(df_{A\times B},df_e)}$，则 $P < \alpha$，结果表明因子A、因子B之间的交互作用显著，需要进一步对各水平组合处理进行多重比较。

表4-9　二因子交叉分组有重复观测值资料的方差分析表

变异来源	平方和 SS	自由度 df	均方 MS	F 值	P 值
因子 A	SS_A	df_A	MS_A	F_A	$F_A > F_{\alpha(df_A,df_e)}$，则 $P < \alpha$
					$F_A < F_{\alpha(df_A,df_e)}$，则 $P > \alpha$
因子 B	SS_B	df_B	MS_B	F_B	$F_B > F_{\alpha(df_B,df_e)}$，则 $P < \alpha$
					$F_B < F_{\alpha(df_B,df_e)}$，则 $P > \alpha$
互作 $A\times B$	$SS_{A\times B}$	$df_{A\times B}$	$MS_{A\times B}$	$F_{A\times B}$	$F_{A\times B} > F_{\alpha(df_{A\times B},df_e)}$，则 $P < \alpha$
					$F_{A\times B} < F_{\alpha(df_{A\times B},df_e)}$，则 $P > \alpha$
误　差	SS_e	df_e	MS_e		
总变异	SS_T	df_T			

(4)多重比较

根据上一步统计推断的结果,对 F 检验结果显著的因子或互作效应,同样可参考单因子资料方差分析的方法进行多重比较。以 q 法为例,对于 A 因子各水平而言,其每水平的重复数为 bn,则 $LSR_{ij}=q_{\alpha(k,df_e)}\sqrt{\dfrac{MS_e}{bn}}$;对于 B 因子各水平而言,其每水平的重复数为 an,则 $LSR_{ij}=q_{\alpha(k,df_e)}\sqrt{\dfrac{MS_e}{an}}$。其中,$q_{\alpha(k,df_e)}$ 为误差自由度为 df_e,秩次距为 k,显著性水平为 α 时的 q 值(附表5)。

但是,就二因子交叉有重复观测值的资料而言,统计分析的最终目的是期望找到最优的水平组合。若互作不显著,由于各因子的效应可以累加,则可分别通过对 A 因子和 B 因子多重比较,分别选出 A 因子、B 因子的最优水平,二者的组合即为最优的水平组合;若互作显著,则各因子的效应不能直接累加,最优水平组合的选定应根据各水平组合的直接表现选定。此时,由于试验的水平组合数较多,若采用 LSR 法对各水平组合平均数进行多重比较,计算量大,因此建议采用 T 法(Tukey 法)检验。T 法是最大秩次距的 q 检验法,即用 q 检验法中最大秩次距的最小显著差数 LSR 与各水平组合的平均数的差数作比较,公式为 $LSR_{ij}=q_{\alpha(k,df_e)}\sqrt{\dfrac{MS_e}{n}}$,其中,$q_{\alpha(k,df_e)}$ 为误差自由度为 df_e,秩次距为 $k(k=ab)$,显著性水平为 α 时的 q 值(附表5)。

【例4-2】研究某种微生物在不同温度、不同时间下的生长速度,测得观测数据如表(4-10)所示,分析温度、时间及其交互作用对生长速度的影响。

表4-10 某种微生物在不同温度、不同时间的生产速度

时间/d	温度 17.5℃	温度 24.5℃	温度 30.5℃	$x_{\cdot j\cdot}$	$\bar{x}_{Aj}$
1	0.3 0.3 0.4 $x_{\cdot 11}=1.0$ $\bar{x}_{A1B1}=0.33$	0.9 0.8 0.8 $x_{\cdot 12}=2.5$ $\bar{x}_{A2B1}=0.83$	1.7 1.2 1.5 $x_{\cdot 13}=4.4$ $\bar{x}_{A3B1}=1.47$	7.9	0.88
2	1.3 1.5 1.7 $x_{\cdot 21}=4.5$ $\bar{x}_{A1B2}=1.5$	3.0 2.9 2.8 $x_{\cdot 22}=8.7$ $\bar{x}_{A2B2}=2.9$	4.8 3.2 2.7 $x_{\cdot 23}=10.7$ $\bar{x}_{A3B2}=3.57$	23.9	2.66
3	2.6 2.7 2.9 $x_{\cdot 31}=8.2$ $\bar{x}_{A1B3}=2.73$	6.6 6.1 5.9 $x_{\cdot 32}=18.6$ $\bar{x}_{A2B3}=6.2$	7.4 5.2 6.3 $Tx_{\cdot 33}=18.9$ $\bar{x}_{A3B3}=6.3$	45.7	5.08
4	3.5 3.6 4.0 $x_{\cdot 41}=11.1$ $\bar{x}_{A1B4}=3.7$	7.5 6.8 7.0 $x_{\cdot 42}=21.3$ $\bar{x}_{A2B4}=7.10$	9.0 9.0 8.8 $x_{\cdot 43}=26.8$ $\bar{x}_{A3B4}=8.93$	59.2	6.58
$x_{\cdot\cdot j}$	24.8	51.1	60.8	$x_{\cdots}=136.7$	$\bar{x}=3.80$
$\bar{x}_{Bj}$	2.07	4.26	5.07		

本例是一个二因子交叉有重复观测值的数据资料,其中,温度记为 A 因子,包括 3 种温度即为 3 个水平(a=3),时间记为 B 因子,包括 4 个时间即为 4 个水平(b=4),整个试验共 ab=12 个水平组合(处理),每个水平组合(处理)有 3 个重复(n=3)。

(1)平方和与自由度的计算

校正数:$C = \dfrac{x^2_{...}}{abn} = \dfrac{136.7^2}{3 \times 4 \times 3} = 519.08$

总平方和:$SS_T = \sum\limits_{i=1}^{a}\sum\limits_{j=1}^{b}\sum\limits_{k=1}^{n}(x_{ijk} - \bar{x})^2 = \sum\limits_{i=1}^{a}\sum\limits_{j=1}^{b}\sum\limits_{k=1}^{n}x_{ijk}^2 - C = 773.33 - 519.08 = 254.25$

处理(组间)平方和:$SS_t = n\sum\limits_{i=1}^{a}\sum\limits_{j=1}^{b}(\bar{x}_{AiBj} - \bar{x})^2 = \dfrac{1}{n}\sum\limits_{i=1}^{a}\sum\limits_{j=1}^{b}x^2_{\cdot ij} - C$

$\qquad\qquad\qquad\quad = \dfrac{1}{3}(1^2 + 2.5^2 + 4.4^2 + \cdots + 21.3^2 + 26.8^2) - 519.08 = 248.45$

误差(组内)平方和:$SS_e = SS_T - SS_t = 254.25 - 248.45 = 5.8$

A 因子平方和:$SS_A = bn\sum\limits_{i=1}^{a}(\bar{x}_{Ai} - \bar{x})^2 = \dfrac{1}{bn}\sum\limits_{i=1}^{a}x^2_{\cdot i \cdot} - C$

$\qquad\qquad\quad = \dfrac{1}{4 \times 3}(24.8^2 + 51.1^2 + 60.8^2) - 519.08 = 57.83$

B 因子平方和:$SS_B = an\sum\limits_{j=1}^{b}(\bar{x}_{Bj} - \bar{x})^2 = \dfrac{1}{an}\sum\limits_{j=1}^{b}x^2_{\cdot \cdot j} - C$

$\qquad\qquad\quad = \dfrac{1}{3 \times 3}(7.9^2 + 23.9^2 + 45.7^2 + 59.2^2) - 519.08 = 172.78$

互作平方和:$SS_{A \times B} = SS_t - SS_A - SS_B = 248.45 - 57.83 - 172.78 = 17.84$

总自由度:$df_T = abn - 1 = 3 \times 4 \times 3 - 1 = 35$

处理(组间)自由度:$df_t = ab - 1 = 3 \times 4 - 1 = 11$

误差(组内)自由度:$df_e = df_T - df_t = ab(n-1) = 3 \times 4 \times (3-1) = 24$

A 因子自由度:$df_A = a - 1 = 3 - 1 = 2$

B 因子自由度:$df_B = b - 1 = 4 - 1 = 3$

互作自由度:$df_{A \times B} = df_t - df_A - df_B = (a-1)(b-1) = (3-1)(4-1) = 6$

(2)计算均方与 F 值

A 因子均方:$MS_A = \dfrac{SS_A}{df_A} = \dfrac{57.83}{2} = 28.92$

B 因子均方:$MS_B = \dfrac{SS_B}{df_B} = \dfrac{172.78}{3} = 57.59$

互作均方：$MS_{A \times B} = \dfrac{SS_{A \times B}}{df_{A \times B}} = \dfrac{17.84}{6} = 2.97$

误差均方：$MS_e = \dfrac{SS_e}{df_e} = \dfrac{5.8}{24} = 0.24$

A因子F值：$F_A = \dfrac{MS_A}{MS_e} = \dfrac{28.92}{0.24} = 120.5$

B因子F值：$F_B = \dfrac{MS_B}{MS_e} = \dfrac{57.59}{0.24} = 239.96$

互作F值：$F_{A \times B} = \dfrac{MS_{A \times B}}{MS_e} = \dfrac{2.97}{0.24} = 12.38$

（3）列方差分析表(4-11)，进行F检验，做统计推断

表4-11 二因子交叉分组有重复观测值资料的方差分析表

变异来源	平方和SS	自由度df	均方MS	F值	P值
温 度	57.83	2	28.92	120.50	$F_A > F_{0.01(2,24)} = 5.61$，则$P<0.01$
时 间	172.78	3	57.59	239.96	$F_B > F_{0.01(3,24)} = 4.72$，则$P<0.01$
温度×时间	17.84	6	2.97	12.38	$F_{A \times B} > F_{0.01(6,24)} = 3.67$，则$P<0.01$
误 差	5.80	24	0.24		
总变异	254.25	35			

因为$F_A > F_{0.01(2,24)} = 5.61$，则$P<0.01$，表明在不同温度条件下培养该微生物，其生长速度差异极显著；因为$F_B > F_{0.01(3,24)} = 4.72$，则$P<0.01$，表明培养天数不一样，该微生物的生长速度差异极显著；因为$F_{A \times B} > F_{0.01(6,24)} = 3.67$，则$P<0.01$，表明不同温度与培养天数交互作用极显著。现需分别对A因子（培养温度）、B因子（培养时间）作主效应的多重比较。此外，由于F检验结果表明不同温度与培养天数交互作用极显著，现还需要对温度和时间的12个水平组合（处理）进行多重比较，以求该微生物生长速度的最优培养组合。最后，由于交互作用极显著，还需进行各因子的简单效应检验。

（4）多重比较

①A因子（培养温度）各水平下微生物生长速度的多重比较：采用q法对17.5 ℃、24.5 ℃和30.5 ℃三个培养温度间的差异进行多重比较。

第一步，计算标准误$S_{\bar{x}}$：由于A因子各水平的重复数为bn，则标准误为：

$$S_{\bar{x}} = \sqrt{\dfrac{MS_e}{bn}} = \sqrt{\dfrac{0.24}{4 \times 3}} = 0.14$$

第二步,根据误差自由度df_e=24,秩次距k=2、3,从q表中(附表5)查出α=0.05和α=0.01的临界q值(表4-12),然后乘以$S_{\bar{x}}$ = 0.14为最小显著极差值LSR(表4-12)。

表4-12 例4.2资料A因子多重比较的临界q值和LSR值表

误差自由度df_e	秩次距k	$q_{0.05}$	$q_{0.01}$	$LSR_{0.05}$	$LSR_{0.01}$
24	2	2.92	3.96	0.41	0.55
	3	3.53	4.55	0.49	0.64

第三步,对17.5 ℃、24.5 ℃和30.5 ℃三个培养温度间微生物生长速度的差异进行多重比较,结果见下表(4-13)。

表4-13 例4.2资料A因子多重比较

温度/℃	平均数$\bar{x}_i$	α=0.05	α=0.01	$\bar{x}_i$ - 2.07	$\bar{x}_i$ - 4.26
30.5	5.07^{aA}	a	A	3.00**	0.81**
24.5	4.26^{bA}	b	B	2.19**	
17.5	2.07^{cA}	c	C		

多重比较结果表明,30.5 ℃培养该微生物,其生长速度极显著高于24.5 ℃与17.5 ℃时的生长速度,此外,24.5 ℃培养该微生物的生长速度也极显著高于17.5 ℃时的生长速度。总之,3种培养温度中,以30.5 ℃培养温度下的微生物生长速度最快。

②B因子(时间)各水平下微生物生长速度的多重比较:采用q法对1 d、2 d、3 d和4 d四个培养时间的差异进行多重比较。

第一步,计算标准误$S_{\bar{x}}$:由于B因子各水平的重复数为an,则标准误为:

$$S_{\bar{x}} = \sqrt{\frac{MS_e}{an}} = \sqrt{\frac{0.24}{3 \times 3}} = 0.16$$

第二步,根据误差自由度df_e=24,秩次距k=2、3、4,从q表中(附表5)查出α=0.05和α=0.01的临界q值(表4-14),然后乘以$S_{\bar{x}}$ = 0.16为最小显著极差值LSR(表4-14)。

表4-14 例4.2资料B因子多重比较的临界q值和LSR值表

误差自由度df_e	秩次距k	$q_{0.05}$	$q_{0.01}$	$LSR_{0.05}$	$LSR_{0.01}$
	2	2.92	3.96	0.47	0.63
24	3	3.53	4.55	0.56	0.73
	4	3.90	4.91	0.62	0.79

第三步，对1 d、2 d、3 d和4 d四个培养时间的微生物生长速度差异进行多重比较,结果见下表(4-15)。

多重比较结果表明:该微生物培养4 d,其生长速度最快,且极显著高于3 d、2 d和1 d生长速度;其次,该微生物培养3 d,其生长速度极显著高于2 d和1 d的生长速度;最后,2 d和1 d之间微生物生长速度也存在极显著差异,该微生物培养2 d,其生长速度极显著高于1 d的生长速度。

表4-15 例4.2资料B因子多重比较

时间/d	平均数 $\bar{x}_i$	$\alpha=0.05$	$\alpha=0.01$	$\bar{x}_i - 0.88$	$\bar{x}_i - 2.66$	$\bar{x}_i - 5.08$
4	6.58^{aA}	a	A	5.70**	3.92**	1.50**
3	5.08^{bB}	b	B	4.20**	2.42**	
2	2.66^{cC}	c	C	1.78**		
1	0.88^{dD}	d	D			

③各水平组合微生物生长速度的多重比较:采用T法(Tukey法)检验。如前所述,T法的本质是最大秩次距的q检验法。因此,用q检验法中最大秩次距的最小显著极差值LSR与各水平组合的平均数差数作比较即可。

表4-16 例4.2资料各水平组合的多重比较

水平组合	平均数 $\bar{x}_i$	$\bar{x}_i - 0.33$	$\bar{x}_i - 0.83$	$\bar{x}_i - 1.47$	$\bar{x}_i - 1.50$	$\bar{x}_i - 2.73$	$\bar{x}_i - 2.90$	$\bar{x}_i - 3.57$	$\bar{x}_i - 3.70$	$\bar{x}_i - 6.20$	$\bar{x}_i - 6.30$	$\bar{x}_i - 7.10$
A_3B_4	8.93	8.60**	8.10**	7.46**	7.43**	6.20**	6.03**	5.36**	5.23**	2.73**	2.63**	1.83**
A_2B_4	7.10	6.77**	6.27**	5.63**	5.60**	4.37**	4.20**	3.53**	3.40**	0.90	0.80	
A_3B_3	6.30	5.97**	5.47**	4.83**	4.80**	3.57**	3.40**	2.73**	2.60**	0.10		
A_2B_3	6.20	5.87**	5.37**	4.73**	4.70**	3.47**	3.30**	2.63**	2.50**			
A_1B_4	3.70	3.37**	2.87**	2.23**	2.20**	0.97	0.80	0.13				
A_3B_2	3.57	3.24**	2.74**	2.10**	2.07**	0.84	0.67					
A_2B_2	2.90	2.57**	2.07**	1.43*	1.40	0.17						
A_1B_3	2.73	2.40**	1.90**	1.26	1.23							
A_1B_2	1.50	1.17	0.67	0.03								
A_3B_1	1.47	1.14	0.64									
A_2B_1	0.83	0.50										
A_1B_1	0.33											

第一步,计算标准误 $S_{\bar{x}}$:由于每个水平组合(处理)的重复数为n,则标准误为:

$$S_{\bar{x}} = \sqrt{\frac{MS_e}{n}} = \sqrt{\frac{0.24}{3}} = 0.28$$

第二步,根据资料的误差自由度 $df_e = 24$ 和最大秩次距 $K=12$,查 q 表(附表5)得:

$$q_{0.05(12,24)} = 5.10$$

$$q_{0.01(12,24)} = 6.11$$

则最小极差值 LSR 为:

$$LSR_{0.05} = q_{0.05(12,24)} S_{\bar{x}} = 5.10 \times 0.28 = 1.43$$

$$LSR_{0.01} = q_{0.01(12,24)} S_{\bar{x}} = 6.11 \times 0.28 = 1.71$$

第三步,对各水平组合(处理)条件下微生物的生长速度进行多重比较,结果见下表4-16。

以上多重比较结果表明,水平组合 A_3B_4 与其余的11个水平组合间存在极显著性差异,表明在水平组合 A_3B_4 培养条件下,即在30.5 ℃温度下培养4 d该微生物的生长速度最快。

④简单效应的检验:简单效应的检验实际上仍是对水平组合之间的差异检验,所以仍采用T法(Tukey法)检验。以下简单效应的检验采用③各水平组合微生物生长速度多重比较的最小显著极差值 $LSR_{0.05} = 1.43$ 和 $LSR_{0.01} = 1.71$。

I. B 因子在 A 因子各水平上简单效应的检验:将 A 因子分别固定在 A_1、A_2 和 A_3,然后对不同 B 因子水平之间的差异进行多重比较,结果如下表(4-17)。

表4-17-1　例4.2资料 B 因子在 A_1 水平上的简单效应检验

水平组合 一级因子	二级因子	平均数 $\bar{x}_i$	$\alpha=0.05$	$\alpha=0.01$	$\bar{x}_i - 0.33$	$\bar{x}_i - 1.50$	$\bar{x}_i - 2.73$
A_1	B_4	3.70	a	A	3.37**	2.20**	0.97
	B_3	2.73	ab	AB	2.40**	1.23	
	B_2	1.50	bc	BC	1.17		
	B_1	0.33	c	C			

表4-17-2　例4.2资料 B 因素在 A_2 水平上的简单效应检验

水平组合 一级因子	二级因子	平均数 $\bar{x}_i$	$\alpha=0.05$	$\alpha=0.01$	$\bar{x}_i - 0.83$	$\bar{x}_i - 2.90$	$\bar{x}_i - 6.20$
A_2	B_4	7.10	a	A	6.27**	4.20**	0.90
	B_3	6.20	a	A	5.37**	3.30**	
	B_2	2.90	b	B	2.07**		
	B_1	0.83	c	C			

表4-17-3　例4.2资料B因子在A_3水平上的简单效应检验

水平组合 一级因子	水平组合 二级因子	平均数$\bar{x}_i$	α=0.05	α=0.01	$\bar{x}_i-1.47$	$\bar{x}_i-3.57$	$\bar{x}_i-6.30$
A_3	B_4	8.93	a	A	7.46**	5.36**	2.63**
	B_3	6.30	b	B	4.83**	2.73**	
	B_2	3.57	c	C	2.10**		
	B_1	1.47	d	D			

结果表明：

培养温度在17.5 ℃时，微生物培养4 d的生长速度极显著高于2 d和1 d的生长速度，与3 d的生长速度差异不显著；此外，微生物培养3 d的生长速度极显著高于1 d的生长速度，与2 d的生长速度差异不显著；最后，微生物培养2 d与培养1 d的生长速度差异不显著。

培养温度在24.5 ℃时，微生物培养4 d和3 d的生长速度均极显著高于2 d和1 d，且二者之间无显著性差异；微生物培养2 d的生长速度极显著高于培养1 d的生长速度。

培养温度在30.5 ℃时，微生物培养4 d的生长速度极显著高于3 d、2 d和1 d的生长速度；微生物培养3 d的生长速度极显著高于2 d和1 d的生长速度；最后，微生物培养2 d与培养1 d的生长速度间也存在极显著性差异，培养2 d的长度速度极显著高于1d的生长速度。

Ⅱ. A因子在B因子各水平上简单效应的检验：将B因子分别固定在B_1、B_2、B_3和B_4，然后对不同A因子水平之间的差异进行多重比较，结果如下表(4-18)。

表4-18-1　例4-2资料A因子在B_1水平上的简单效应检验

水平组合 一级因子	水平组合 二级因子	平均数$\bar{x}_i$	α=0.05	α=0.01	$\bar{x}_i-0.33$	$\bar{x}_i-0.83$
B_1	A_3	1.47	a	A	1.14	0.64
	A_2	0.83	a	A	0.50	
	A_1	0.33	a	A		

表4-18-2　例4-2资料A因子在B_2水平上的简单效应检验

水平组合		平均数$\bar{x}_i$	α=0.05	α=0.01	$\bar{x}_i - 1.50$	$\bar{x}_i - 2.90$
一级因子	二级因子					
B_2	A_3	3.57	a	A	2.07**	0.67
	A_2	2.90	ab	AB	1.40	
	A_1	1.50	b	B		

表4-18-3　例4-2资料A因子在B_3水平上的简单效应检验

水平组合		平均数$\bar{x}_i$	α=0.05	α=0.01	$\bar{x}_i - 2.73$	$\bar{x}_i - 6.20$
一级因子	二级因子					
B_3	A_3	6.30	a	A	3.57**	0.10
	A_2	6.20	a	A	3.47**	
	A_1	2.73	b	B		

表4-18-4　例4-2资料A因子在B_4水平上的简单效应检验

水平组合		平均数$\bar{x}_i$	α=0.05	α=0.01	$\bar{x}_i - 3.70$	$\bar{x}_i - 7.10$
一级因子	二级因子					
B_4	A_3	8.93	a	A	5.23**	1.83**
	A_2	7.10	b	B	3.40**	
	A_1	3.70	c	C		

结果表明：

微生物培养1天的时候，其生长速度在17.5 ℃、24.5 ℃和30.5 ℃三个培养温度间差异不显著。

微生物培养2天的时候，其在30.5 ℃培养温度下生长速度极显著高于17.5 ℃下的生长速度，其余培养温度之间无显著性差异。

微生物培养3天的时候，其在30.5 ℃和24.5 ℃培养温度下生长速度均极显著高于17.5 ℃下的生长速度，且30.5 ℃和24.5 ℃培养温度之间差异不显著。

微生物培养4天的时候，其在30.5 ℃培养温度下生长速度极显著高于17.5 ℃和24.5 ℃下的生长速度，且24.5 ℃培养温度下的生长速度也极显著高于17.5 ℃培养温度。

三、方差分析应该注意的问题

第一，由于二因子水平组合方式除交叉分组外还有系统分组，并且这两种资料的数据模式、数学模型、方差分析的公式和方法等存在差异，因此在进行二因子资料的方差分析前，必须按交叉分组资料的特点确认资料是否为二因子交叉分组。

其次，二因子交叉无重复观测值资料由于每个水平组合中只有一个观测值，互作效应和随机误差不能被分别剖分出来，所以这种资料只能用于不存在互作的情况，但由于多因子试验通常存在互作，故二因子交叉无重复观测值资料的方差分析通常用于随机单位组设计方法所获得的试验数据。就随机单位组设计而言，其研究的目的因子是一个单因子，故对其数据资料进行统计分析时易错采用单因子资料的方差分析。

最后，二因子交叉有重复观测值的资料包括重复数相等和重复数不等两种模式，并且这两种资料模式的方差分析方法是不同的，本教材只考虑了重复数相等的资料模式。

四、待整理的资料

1. 为了研究某饲料添加剂对肉牛血液中 C-反应蛋白（CRP）浓度（$\mu g \cdot mL^{-1}$）的影响，现从 6 个不同品种中选取 3 头体重相近和基础代谢无显著性差异的杂交阉公牛，随机分别饲喂 3 种不同浓度的添加剂，然后在相同条件下饲养一个月后前腔静脉采血测定其血浆中 CRP 浓度（$\mu g \cdot mL^{-1}$），数据如下表所示，试分析添加剂浓度及品种对 CRP 浓度（$\mu g \cdot mL^{-1}$）是否存在影响。

表4-19　不同浓度的饲料添加剂对肉牛血液中 C-反应蛋白（CRP）浓度的影响

单位：$\mu g \cdot mL^{-1}$

饲料	品种					
	A_1	A_2	A_3	A_4	A_5	A_6
B_1	20.86	28.33	26.85	24.92	16.11	20.64
B_2	16.50	18.78	11.87	14.64	21.72	16.71
B_3	43.71	38.10	42.15	42.07	39.59	30.56

2. 为研究乳酸浸泡高精料日粮中玉米和高精料日粮添加蒙脱石两种营养调控组合对肉牛生产性能的影响，随机将 24 头体况相近的杂交阉公牛分为 4 组，分别饲喂 4 种不同日粮：基础饲粮（对照组），基础饲粮+2 g/kg^{-1}蒙脱石，基础饲粮中玉米用1%乳酸按等体积

1∶1比例室温浸泡48 h、基础饲粮中玉米先用1%乳酸按等体积1∶1比例室温浸泡48 h后再添加2 g/kg^{-1}蒙脱石。用A表示是否添加蒙脱石,B表示是否用乳酸浸泡,测得所有试验牛饲喂一月后的日增重数据如下表。试检验高精料日粮添加蒙脱石、乳酸浸泡高精料日粮中玉米及其两种营养调控组合的交互作用是否能显著改善肉牛的日增重。

表4-20 高精料日粮添加蒙脱石和乳酸浸泡高精料日粮中玉米两种营养调控组合对肉牛日增重的影响　　　　　单位:kg

不加蒙脱石(A=1)		加蒙脱石(A=2)	
不加乳酸(B=1)	加乳酸(B=2)	不加乳酸(B=1)	加乳酸(B=2)
0.46	0.97	0.92	0.97
0.66	0.81	0.97	0.61
0.46	1.12	0.81	0.66
0.76	1.12	0.87	0.97
0.61	1.37	0.87	0.92
0.61	1.07	1.12	0.92

实训五 卡方检验

一、目的与要求

在动物科学试验研究中，常常需要对由质量性状利用统计次数法得来的次数资料、等级资料进行分析，等级资料实际上也是一种次数资料。对次数资料的统计分析就需要采用卡方检验(Chi-square test)又称χ^2检验。卡方检验是一种用途很广的假设检验方法，属于非参数检验的范畴，用于比较理论次数和实际次数的偏离程度，分为独立性检验和适合性检验。根据属性类别的次数资料判断属性类别分配是否符合已知属性类别分配理论或学说的假设检验称为适合性检验(test for goodness of fit)。根据次数资料还可以分析某一质量性状各属性类别的构成比与某一因素是否有关，即独立性检验。

通过本章学习，结合实训示例和资料的整理实训，达到如下目的：

1. 了解卡方检验的基本原理、方法和步骤；
2. 熟练运用卡方分析步骤和χ^2的临界值表进行次数资料的卡方检验；
3. 掌握次数资料的适合性检验和独立性检验。

二、卡方检验的方法与步骤

(一)适合性检验的基本步骤

第一步，建立假设检验；

无效假设H_0：属性类别分配符合已知属性类别分配的理论或学说；

备择假设H_A：属性类别分配不符合已知属性类别分配的理论或学说。

第二步，计算χ^2或χ_c^2值；

按已知属性类别分配的理论或学说计算各属性类别的理论次数，然后根据公式(5-1)或(5-2)计算χ^2或χ_c^2。

$$\chi^2 = \sum \frac{(A-T)^2}{T} \text{（自由度>1）} \qquad (5-1)$$

$$\chi_c^2 = \sum \frac{(|A-T|-0.5)^2}{T} \text{（自由度=1）} \tag{5-2}$$

各类别的理论次数不小于5,如果某一类别的理论次数小于5,则应把它与其相邻的一类别或几类别合并,直到合并类别后的理论次数大于5为止。

第三步,确定P值并作出推断结果;

若属性类别数为k,则适合性检验的自由度为$k-1$。根据自由度,计算出的卡方值χ^2或χ_c^2及χ^2值表(附表)所得的临界χ^2值$\chi^2_{0.05(k-1)}$、$\chi^2_{0.01(k-1)}$进行比较,作出统计推断:

若χ^2(或χ_c^2)$<\chi^2_{0.05(k-1)}$,$P>0.05$,接受无效假设H_0。表明属性类别分配与已知属性类别分配的理论或学说差异不显著,可以认为属性类别分配符合已知属性类别分配的理论或学说;

若$\chi^2_{0.05(k-1)} \leq \chi^2$(或$\chi_c^2$)$<\chi^2_{0.01(k-1)}$,$0.01<P\leq0.05$,否定无效假设$H_0$,接受备择假设$H_A$。表明属性类别分配与已知属性类别分配的理论或学说差异显著,或者说属性类别分配显著不符合已知属性类别分配的理论或学说;

若χ^2(或χ_c^2)$\geq\chi^2_{0.01(k-1)}$,$P\leq0.01$,否定无效假设H_0,接受备择假设H_A。表明属性类别分配与已知属性类别分配的理论或学说差异极显著,或者说属性类别分配极显著不符合已知属性类别分配的理论或学说。

第四步,根据统计分析结果对计数资料效应存在与否做出专业结论。

(二)独立性检验的基本步骤

根据次数资料还可以分析某一质量性状各属性类别的构成比与某一因素是否有关。独立性检验的次数资料是按某一质量性状的属性类别与某一因素的水平进行归组获得。根据某一质量性状的属性类别数与某一因素的水平数构成2行2列、2行c列、r行c列的列联表,简记为2的列、2的列、r的列列联表。

1. 2×2列联表的独立性检验

第一步,建立假设;

H_0:两个类型是独立的;

H_A:两个类型是相关的。

第二步,计算χ^2值;

2×2列联表的一般形式如表5-1所示。其自由度$df=(2-1)\times(2-1)=1$,进行χ^2检验需作连续性矫正,应计算χ_c^2值。

表5-1　2×2列联表的一般形式

	1	2	行合计 $T_i.$
1	$A_{11}(T_{11})$	$A_{12}(T_{12})$	$T_1.=A_{11}+A_{12}$
2	$A_{21}(T_{21})$	$A_{22}(T_{22})$	$T_2.=A_{21}+A_{22}$
列合计 $T_{.j}$	$T_{.1}=A_{11}+A_{21}$	$T_{.2}=A_{12}+A_{22}$	总合计 $T_{..}=A_{11}+A_{12}+A_{21}+A_{22}$

其中 A_{ij} 为实际观察次数，T_{ij} 为理论次数 $(i,j=1,2)$。

$$\chi_c^2=\sum\frac{(|A-T|-0.5)^2}{T}=\frac{(|A_{11}-T_{11}|-0.5)^2}{T_{11}}+\frac{(|A_{12}-T_{12}|-0.5)^2}{T_{12}}+\frac{(|A_{21}-T_{21}|-0.5)^2}{T_{21}}+\frac{(|A_{22}-T_{22}|-0.5)^2}{T_{22}}$$

第三步，确定 P 值并作出推断结果；

根据自由度 $df=1$ 查 χ^2 值表，并作出统计推断。

第四步，根据统计分析结果对计数资料效应存在与否做出专业结论。

2. 2×c 列联表的独立性检验

2×c 表的一般形式如表5-2所示。其自由度 $df=(2-1)\times(c-1)=c-1$，因为 $c\geq 3$，所以 $df\geq 2$，在进行 χ^2 检验时，不需作连续性矫正。

表5-2　2×c 列联表一般形式

	1	2	…	c	行合计 $T_i.$
1	A_{11}	A_{12}	…	A_{1c}	$T_1.$
2	A_{21}	A_{22}	…	A_{2c}	$T_2.$
列合计 T_j	T_1	T_2	…	T_c	总合计 $T_{..}$

其中 A_{ij} $(i=1,2;j=1,2,\cdots,c)$ 为实际观察次数。

3. r×c 列联表的独立性检验

r×c 列联表其一般形式如表5-3所示。其自由度 $df=(r-1)(c-1)$，因为 r、$c\geq 3$，$df>1$，进行 χ^2 检验不需作连续性矫正。

表5-3　r×c 列联表的一般形式

	1	2	…	c	行合计 $T_i.$
1	A_{11}	A_{12}	…	A_{1c}	$T_1.$
2	A_{21}	A_{22}	…	A_{2c}	$T_2.$
⋮	⋮	⋮	⋮	⋮	⋮
r	A_{r1}	A_{r2}	…	A_{rc}	$T_r.$
列合计 $T_{.j}$	$T_{.1}$	$T_{.2}$	…	$T_{.c}$	总合计 $T_{..}$

其中$A_{ij}(i=1,2,\cdots,r;j=1,2,\cdots,c)$为实际观察次数。

$r×c$列联表各个理论次数的计算方法与上述$(2×2)$列联表、$(2×c)$列联表独立性检验类似。但通常用简化公式(5-3)计算χ^2值，

$$\chi^2 = T_{..}\left[\sum\sum \frac{A_{ij}^2}{T_{i.}T_{.j}} - 1\right] \tag{5-3}$$

三、卡方检验实例

(一)适合性检验实例

适合性检验资料分析的原理与分析步骤与本章第二节所述一致，现结合实际研究中获得的资料进行具体的介绍。

【例5-1】根据某养猪场场长的经验，猪场自产仔猪出生的雌雄性别比例为2:1，今年的仔猪出生情况是雌性118头，雄性41头，问今年猪场仔猪出生性别比例是否符合该场长的经验？

解：本例为有2个属性类别的适合性检验问题。检验步骤如下：

1. 提出无效假设与备择假设

H_0：出生仔猪性别比例符合2:1的理论比例。

H_A：出生仔猪性别比例不符合2:1的理论比例。

2. 计算χ^2值

选择计算公式由于本例涉及到两种性别，属性类别数$k=2$，自由度$df = k-1 = 2-1 = 1$，须使用式(5-2)计算χ_c^2。

3. 计算理论次数

根据理论比例2:1计算理论次数。

雌性仔猪理论次数：$T_1 = 159 × \frac{2}{3} = 106$

雄性仔猪理论次数：$T_2 = 159 × \frac{1}{3} = 53$ 或 $T_2 = 159 - T_1 = 159 - 106 = 53$

4. 计算χ_c^2及统计推断

χ_c^2计算表见表5-4。

表5-4 χ_c^2计算表

性别	实际观察次数(A)	理论次数(T)	$A-T$	χ_c^2
雌性	118	106	12	1.248
雄性	41	53	-12	2.495
合计	159	159	0	3.743

$$\chi_c^2=\sum\frac{(|A-T|-0.5)^2}{T}=\frac{(|118-106|-0.5)^2}{106}+\frac{(|41-53|-0.5)^2}{53}=3.743$$

根据自由度 $df=1$ 查 χ^2 值表,得临界 χ^2 值 $\chi^2_{0.05(1)}=3.84$,因为计算所得的 $\chi_c^2<\chi^2_{0.05(1)}$,$P>0.05$,表明该猪场出生仔猪性别比与2∶1的理论比例差异不显著,可以认为该猪场出生仔猪性别比符合2∶1的理论比例,符合场长经验。

【例5-2】在研究羊的毛色和角的有无这两对相对性状分离现象时,用黑色无角羊和白色有角羊杂交,F2代出现黑色无角羊315头,黑色有角羊101头,白色无角羊108头,白色有角羊32头,共556头。检验F2代时,羊的毛色和角的有无这两对相对性状的分离是否符合9∶3∶3∶1的理论比例。

解:本例为有4个属性类别的适合性检验问题。检验步骤如下:

1. 提出无效假设与备择假设

H_0:F2代时,羊的毛色和角的有无两对相对性状的分离符合9∶3∶3∶1的理论比例。

H_A:F2代时,羊的毛色和角的有无两对相对性状的分离不符合9∶3∶3∶1的理论比例。

2. 选择计算公式

由于本例的属性类别数 $k=4$,自由度 $df=k-1=4-1=3>1$,故利用式(5-1)计算。

3. 计算理论次数

依据9∶3∶3∶1的理论比例计算理论次数。

黑色无角羊的理论次数 $T_1=556\times\dfrac{9}{16}=312.75$

黑色有角羊的理论次数 $T_2=556\times\dfrac{3}{16}=104.25$

白色无角羊的理论次数 $T_3=556\times\dfrac{3}{16}=104.25$

白色有角牛的理论次数 $T_4=556\times\dfrac{1}{16}=34.75$ 或 $T_4=556-321.75-104.25-104.25=34.75$

4. 计算 χ^2 及统计推断

χ^2 计算见表5-5。

表5-5 χ^2 计算表

类 型	实际观察次数 A	理论次数 T	$A-T$	$(A-T)^2/T$
黑色无角羊	315(A_1)	312.75(T_1)	2.25	0.016
黑色有角羊	101(A_2)	104.25(T_2)	−3.25	0.101
白色无角羊	108(A_3)	104.25(T_3)	3.75	0.135
白色有角羊	32(A_4)	34.75(T_4)	−2.75	0.218
合 计	556	556	0	0.47

$$\chi^2=\sum\frac{(A-T)^2}{T}=0.016+0.101+0.135+0.218=0.47$$

根据自由度 $df=3$，查 χ^2 值表，得临界 $\chi^2_{0.05(3)}=7.81$，因计算所得的 $\chi^2=0.47<\chi^2_{0.05(3)}$，P>0.05，表明羊的毛色与角的有无这两对相对性状F2分离与9:3:3:1的理论比例差异不显著，可以认为羊的毛色与角的有无这两对相对性状F2分离符合9:3:3:1的理论比例。

【例5-3】两对相对性状在F_2的4种基因型C-D-、C-dd、ccD-、ccdd的实际观察次数依次为158，40，50，6。检验F2代时这两对相对性状F_2分离是否符合9:3:3:1的理论比例。

解：检验步骤同【例5-2】，χ^2的计算见表5-6。

表5-6 χ^2计算表

基因型	实际观察次数A	理论次数T	A−T	$(A-T)^2/T$
A_B_	158	142.875	15.125	1.60
A_bb	40	47.625	−7.625	1.22
aa B_	50	47.625	2.375	0.12
aa bb	6	15.875	−9.875	6.14
合 计	254	254	0	χ^2=9.08

表5-6中的理论次数依据9:3:3:1理论比例计算。

C_D_的理论次数 $T_1=254\times\dfrac{9}{16}=142.875$

C_dd的理论次数 $T_2=254\times\dfrac{3}{16}=47.625$

ccD_的理论次数 $T_3=254\times\dfrac{3}{16}=47.625$

ccdd的理论次数 $T_4=254\times\dfrac{1}{16}=15.875$

$\chi^2=1.60+1.22+0.12+6.14=9.08$。根据自由度 $df=3$ 查 χ^2 值表，得临界 χ^2 值 $\chi^2_{0.05(3)}=7.81$，$\chi^2_{0.01(3)}=11.34$。因为 $\chi^2_{0.05(3)}<\chi^2<\chi^2_{0.01(3)}$，0.01<P<0.05，表明该两对相对性状在$F_2$代的4种基因型C_D_、C_dd、ccD_、ccdd的属性类别分配显著不符合9:3:3:1的理论比例。有必要进一步检验，以确定那一种基因型的属性类别分配不符合9:3:3:1的理论比例。

1.检验C_D_、C_dd、ccD_3种基因型的属性类别分配是否符合9:3:3的理论比例。χ^2 的计算见表5-7。其自由度 $df=3-1=2$，进行 χ^2 检验不需作连续性矫正。

表5-7 χ^2计算表

表现型	实际观察次数A	理论次数T	A−T	$(A-T)^2/T$
A_B_	158	148.80	9.2	0.57
A_bb	40	49.60	−9.60	1.86
aaB_	50	49.60	0.40	0.00
合计	248	248	0	2.43

χ^2=0.57+1.86+0.00=2.43。根据自由度df_1=3−1=2查χ^2值表,得临界χ^2值,$\chi^2_{0.05(2)}$=5.99,因为$\chi^2<\chi^2_{0.05(2)}$,P>0.05,表明C_D_,C_dd,ccD_3种基因型的属性类别分配与9:3:3的理论比例差异不显著,可以认为C_D_,C_dd,ccD_3种基因型的属性类别分配符合9:3:3的理论比例。于是,再检验基因型ccdd与其他3种基因型的合并组的比例是否符合1:15的理论比例。

2. 检验ccdd基因型与其他3种基因型的合并组的属性类别分配是否符合1:15的比例。其自由度df=2−1=1,进行χ^2检验需作连续性矫正,应计算χ^2_c值。χ^2_c的计算见表5-8。

表5-8 χ^2_c计算表

基因型	实际观察次数A	理论次数T	A−T	$(|A-T|-0.5)^2/T$
aabb	6	15.875	−9.875	5.54
其他3种基因型合并组	248	238.125	9.875	0.38
合计	254	254	0	5.92

根据自由度df_2=2−1=1查χ^2值表,得临界χ^2值$\chi^2_{0.05(1)}$=3.84,$\chi^2_{0.01(1)}$=6.63,因为$\chi^2_{0.05(1)}<\chi^2_c<\chi^2_{0.01(1)}$,0.01<$P$<0.05,表明ccdd基因型与其他3种基因型的合并组的属性类别分配显著不符合1:15的理论比例。这一结论为进一步研究这个问题提供了线索。

(二)独立性检验实例

独立性检验资料分析的原理与分析步骤与本章第二节所述一致,现结合实际研究中获得的资料进行具体的介绍。

【例5-4】某兽医收集到两种药物治疗仔猪白色葡萄球菌败血症的疗效的资料,甲药治疗44头仔猪,36头治疗有效,8头治疗无效;乙药治疗了29头仔猪,20头有效。9头无效,问两种药物的疗效有无差别?

解:本例在列联表中,将因素的各水平作为横标目、将质量性状的各属性类别作为纵标目,行数为因素的水平数2、列数为质量性状的属性类别数2。2×2列联表见表5-9。

表5-9 两种药物治疗白色葡萄球菌败血症2×2列联表

处理	属性类别				行合计 $T_{i.}$/头	有效率
	实际有效例数	理论有效例数	实际有效例数	理论有效例数		
甲药	36	33.75	8	10.25	$T_{1.}$ 44	81.8%
乙药	20	22.25	9	6.75	$T_{2.}$ 29	69.0%
列合计 $T_{.j}$	$T_{.1}$ 56		$T_{.2}$ 17		总合计 $T_{..}$ 73	

1. 提出无效假设与备择假设

H_0:两种药物疗效无差别。

H_A:两种药物疗效有差别。

2. 选择计算公式

其自由度 $df=(2-1)\times(2-1)=1$,故利用式(5-2)计算。

3. 计算理论次数

根据两种药物疗效无差别的假设计算出各个理论次数。两种药物对白色葡萄球菌败血症的疗效无差别,也就是说两种药物治疗的无效率相同,均应等于总无效率17/73=0.233。据此计算出各个理论次数如下:

甲药治疗的无效例数 $T_{11}=44\times\dfrac{17}{73}=10.25$

甲药治疗的有效例数 $T_{12}=44\times\dfrac{56}{73}=33.75$ 或 $T_{12}=44-10.25=33.75$

乙药治疗的无效例数 $T_{21}=29\times\dfrac{17}{73}=6.75$ 或 $T_{21}=17-10.25=6.75$

乙药治疗的有效例数 $T_{22}=29\times\dfrac{56}{73}=22.25$ 或 $T_{22}=56-33.75=22.25$

从上述各理论次数 T_{ij} 的计算看到,理论次数的计算利用了行、列总和,总总和,4个理论次数仅有1个是独立的。表5-9括号内的数据为相应的理论次数。

4. 计算 χ_c^2 及统计推断 将表5-9中的实际次数、理论次数代入式5-2得

$$\chi_c^2=\dfrac{(|36-33.75|-0.5)^2}{33.75}+\dfrac{(|8-10.25|-0.5)^2}{10.25}+\dfrac{(|20-22.25|-0.5)^2}{22.25}+\dfrac{(|9-6.75|-0.5)^2}{6.75}=0.98$$

计算 $\chi_c^2=0.98$,自由度 $(r-1)\times(c-1)=(2-1)\times(2-1)=1$,查卡方临界值表 $\chi_{0.05(1)}^2=3.84>$

χ_c^2=0.98,故 P>0.05,接受 H_0,两种药物的疗效无差别。

在进行 2×2 列联表独立性检验时,还可利用简化公式(5-4)计算 χ_c^2。

$$\chi_c^2 = \frac{(|A_{11}A_{22} - A_{12}A_{21}| - T_{..}/2)^2 T_{..}}{T_{.1}T_{.2}T_{1.}T_{2.}} \quad (5\text{-}4)$$

在上式中,不需要先计算理论次数,直接利用实际观察次数 A_{ij},行、列合计 $T_{i.}$、$T_{.j}$ 和总合计 $T_{..}$ 计算 χ_c^2,比利用式(5-2)计算简便,且舍入误差小。

对于【例5-4】,利用上式计算 χ_c^2 得

$$\chi_c^2 = \frac{((36 \times 9 - 8 \times 20) - \frac{73}{2})^2 \times 73}{44 \times 29 \times 56 \times 17} = 0.98$$

所得结果与前面计算的相同。

【例5-5】在甲、乙两地进行白羽肉鸡肉质调查,将肉质按优、良、中、差4个等级分类,统计结果见表5-10。问两地白羽肉鸡肉质构成比是否相同?

表5-10　两地白羽肉鸡肉质分类统计

地区	优	良	中	差	行合计 $T_{i.}$
甲	300(279.34)	106(129.62)	60(55.87)	10(11.17)	476
乙	200(220.66)	126(102.38)	40(44.13)	10(8.83)	376
列合计 $T_{.j}$	500	232	100	20	总合计 $T_{..}$852

在列联表5-10中:因素的各水平为横标目,质量性状的各属性类别为纵标目;行数为因素的各水平数2,列数质量性状的属性类别数4。这是一个 2×4 列联表独立性检验的问题。检验步骤如下。

1. 提出无效假设与备择假设

H_0:白羽肉鸡肉质构成比与地区无关,即两地白羽肉鸡肉质构成比相同。

H_A:白羽肉鸡肉质构成比与地区有关,即两地白羽肉鸡肉质构成比不同。

2. 计算各个理论次数

根据两地白羽肉鸡肉质构成比相同的假设计算各个理论次数。

甲地优等组理论次数 $T_{11}=476 \times \frac{50}{852}=279.34$

甲地良好组理论次数 $T_{12}=476\times\dfrac{232}{852}=129.62$

甲地中等组理论次数 $T_{13}=476\times\dfrac{100}{852}=55.87$

甲地差等组理论次数 $T_{14}=476\times\dfrac{20}{852}=11.17$ 或 $T_{14}=476-279.34-129.62-55.87=11.17$

乙地优等组理论次数 $T_{21}=376\times\dfrac{500}{852}=220.66$ 或 $T_{21}=500-279.34=220.66$

乙地良好组理论次数 $T_{22}=376\times\dfrac{232}{852}=102.38$ 或 $T_{22}=232-129.62=102.38$

乙地中等组理论次数 $T_{23}=376\times\dfrac{100}{852}=44.13$ 或 $T_{23}=100-55.87=44.13$

乙地差等组理论次数 $T_{24}=376\times\dfrac{20}{852}=8.83$ 或 $T_{24}=20-11.17=8.83$

3. 计算 χ^2

$$\chi^2=\dfrac{(300-279.34)^2}{279.34}+\dfrac{(106-129.62)^2}{129.62}+\dfrac{(60-55.87)^2}{55.87}+\cdots+\dfrac{(10-8.83)^2}{8.83}=14.185$$

4. 统计推断

根据自由度 $df=3$ 查 χ^2 值表,得临界 χ^2 值 $\chi^2_{0.01(3)}=11.3449$,因为计算所得的 $\chi^2>\chi^2_{0.01(3)}$, $P<0.01$,可以认为甲、乙两地白羽肉鸡肉质构成比有显著差异。

在进行 $2\times c$ 列联表独立性检验时,还可利用简化公式计算 χ^2。

① $$\chi^2=\dfrac{T^2}{T_1 T_2}\left[\sum\dfrac{A_{1j}^2}{T_j}-\dfrac{T_1^2}{T}\right]$$

或 ② $$\chi^2=\dfrac{T^2}{T_1 T_2}\left[\sum\dfrac{A_{2j}^2}{T_j}-\dfrac{T_2^2}{T}\right]$$

式①和②的区别在于:①方括号中的分子分别为第1行中的实际观察次数 A_{1j} 和行合计 T_1;式②方括号中的分子分别为第2行中的实际观察次数 A_{2j} 和行合计 T_2。利用式①或②计算结果相同。对于【例5.5】,利用式(5-6)计算 χ^2 得

$$c^2=\dfrac{852^2}{476\times 376}\times\left(\dfrac{200^2}{500}+\dfrac{126^2}{232}+\dfrac{40^2}{100}+\dfrac{10^2}{20}-\dfrac{376^2}{852}\right)=14.182$$

计算结果与利用式(5-1)计算的结果因舍入误差略有不同。

【例5-6】对4组仔猪(每组46头)分别饲喂不同的饲料,各组发病次数统计见表5-11。问仔猪发病次数的构成比与所喂饲料的种类是否有关?

表5-11　分别喂给不同饲料的4组仔猪发病次数资料

发病次数/次	饲料种类				行合计 $T_{i.}$/天
	1/头	2/头	3/头	4/头	
0	20(19.5)	18(19.5)	21(19.5)	19(19.5)	78
1	1(0.75)	0(0.75)	0(0.75)	2(0.75)	3
2	2(2.5)	3(2.5)	1(2.5)	4(2.5)	10
3	7(5.25)	9(5.25)	2(5.25)	3(5.25)	21
4	3(4)	5(4)	6(4)	2(4)	16
5	4(4.25)	3(4.25)	5(4.25)	5(4.25)	17
6	2(2.25)	2(2.25)	3(2.25)	2(2.25)	9
7	1(1.75)	2(1.75)	2(1.75)	2(1.75)	7
8	1(2)	2(2)	4(2)	1(2)	8
9	3(2)	1(2)	1(2)	3(2)	8
10	2(1.75)	1(1.75)	1(1.75)	3(1.75)	7
列合计 $T_{.j}$	46	46	46	46	总合计 $T_{..}$ 184

解：在列联表5-11中：质量性状的各属性类别为横标目，因素(饲料种类)的各水平为纵标目；行数为质量性状的属性类别数11，列数为因素(饲料种类)的水平数4。这是一个11×4列联表独立性检验的问题。检验步骤如下。

1. 提出无效假设与备择假设

H_0：仔猪发病次数的构成比与饲料种类无关，即4种饲料仔猪发病次数的构成比相同。

H_A：仔猪发病次数的构成比与饲料种类有关，即4种饲料仔猪发病次数的构成比不相同。

2. 计算理论次数

各个理论次数的计算方法与上述2×2列联表、2×c列联表适合性检验类似。表5-11中括号内的数据为各组实际观察次数对应的理论次数。对于理论次数小于5发病次数组，将其相邻几个组合并，并组后的次数资料见表5-12。表5-12中括号内的数据为并组后各组实际观察次数对应的理论次数。合并后各组的理论次数均大于5。

表 5-12 并组后的次数资料

发病次数/次	饲料种类 1/头	2/头	3/头	4/头	行合计 $T_{i.}$
0	20(19.5)	18(19.5)	21(19.5)	19(19.5)	78
1~3	10(8.5)	12(8.5)	3(8.5)	9(8.5)	34
4~5	7(8.25)	8(8.25)	11(8.25)	7(8.25)	33
6~10	9(9.75)	8(9.75)	11(9.75)	11(9.75)	39
列合计 $T_{.j}$	46	46	46	46	总合计 $T_{..}$184

3. 计算 χ^2

利用式(5-3)计算 χ^2，得

$$\chi^2=184\times(\frac{20^2}{46\times 78}+\frac{18^2}{46\times 78}+\frac{21^2}{46\times 78}+\cdots+\frac{11^2}{46\times 39}-1)=7.54$$

4. 统计推断

根据自由度 $df=(4-1)\times(4-1)=9$ 查 χ^2 值表，得临界 χ^2 值 $\chi^2_{0.05(9)}=16.919$，因为计算所得的 $\chi^2<\chi^2_{0.05(9)}$，$P>0.05$，表明仔猪的发病次数的构成比与饲料种类无关，可以认为用4种不同的饲料饲喂仔猪，仔猪发病次数的构成比相同。

【例5-7】某动物医院用三种不同药物治疗仔猪黄痢疾，各药治愈情况见表5-13数据，试比较三组治愈率有无差别。

表 5-13 3种不同药物治疗仔猪黄痢次数资料   单位：头

药物	治愈数	未愈数	合计
甲药	80(60.76)	18(37.24)	98
乙药	20(24.8)	20(15.2)	40
丙药	24(38.44)	38(23.56)	62
合计	124	76	200

在列联表5-13中：质量性状的各属性类别为横标目，因素(治愈情况)的各水平为纵标目；行数为质量性状的属性类别数3，列数为因素(治愈情况)的水平数2。这是一个3×2列联表独立性检验的问题。检验步骤如下：

1. 提出无效假设与备择假设

H_0：三种药物的治愈率无差别。

H_A：三种药物的治愈率有差别。

2. 计算理论次数

各个理论次数的计算方法与上述 2×2 列联表、2×c 列联表适合性检验类似。表 5-13 中括号内的数据为各组实际观察次数对应的理论次数。

3. 计算 χ^2

利用式(5-3)计算 χ^2，得

$$\chi^2 = 200 \times \left(\frac{80^2}{124 \times 98} + \frac{18^2}{76 \times 98} + \frac{20^2}{124 \times 40} + \cdots + \frac{38^2}{76 \times 62} - 1 \right) = 32.76$$

4. 统计推断

根据自由度 $df=(3-1)\times(2-1)=2$ 查 χ^2 值表，得临界 χ^2 值 $\chi^2_{0.01(2)}=9.21$，因为计算所得的 $\chi^2 > \chi^2_{0.01(2)}$，$P<0.01$，表明三种药物的治愈率有极显著差异。

四、应该注意的问题

对于自由度等于 1 的数据资料的卡方检验需要对卡方值进行连续性校正，用 χ^2_c 计算公式。在卡方检验过程中，当样本量大于 40，但最小理论次数小于 5 时，需要将相邻组并组使理论次数大于 5 后再进行卡方检验。对于某些小样本的、或者指标阳性率较低的研究，总样本量可能小于 40，最小理论次数也可能小于 5，此时可将其合并成为理论次数大于 5 或者进行矫正计算。

五、待整理的资料

下面给出了畜牧学实际科学研究中获得的几组试验数据，请同学们根据本章所述卡方检验原理和步骤，对数据资料进行相应的卡方检验。

1. 研究发现在 28 ℃条件下，孵化出的乌龟性别比为雌性:雄性为 1.5:1，现取 2000 只龟卵在 28 ℃条件下进行孵化，孵化率为 100%，共得雌龟 1350 只，雄龟 650 只。试问这一结果同以往的规律是否相符？

2. 两对相对性状 F2 代的 4 种基因型 A_B_、A_bb、aaB_、aabb 的观察次数依次为 315，108，101，32。问这两对相对性状的遗传是否符合孟德尔遗传规律中 9:3:3:1 的比例。

3. 某猪场 154 头仔猪中，公猪 74 头，母猪 80 头。问该猪场公猪、母猪的比例是否符合

家畜性别1:1的理论比例?

4. 为了考察某种疫苗的免疫效果,某猪场用100头猪试验。接种疫苗的66头中有12头发病,54头未发病;未接种疫苗的34头中有22头发病,12头未发病。问该疫苗是否有免疫效果?

5. 某防疫站对屠宰场及食品零售点的猪肉沙门氏杆菌的带菌情况进行检验,检验结果见表5-14。问屠宰场与零售点猪肉的带菌率有无差异?

表5-14 不同采样点猪肉沙门氏杆菌的带菌情况结果

采样地点	属性类别	
	带菌	不带菌
屠宰场	10	32
零售点	18	20

6. 为了考察不同保种基地对某品种牛的肉用性能外形构成比的影响将牛的肉用性能外形划分为优、良、中、下4个等级,现调查了4个保种基地某品种牛的肉用性能外形,调查结果见下表。问4个保种基地的该品种牛的肉用性能外形构成比是否相同?

表5-15 某品种牛的不同保种基地的肉用性能外形的情况调查结果

保种基地	属性类别			
	优	良	中	下
甲	10	10	60	10
乙	10	5	20	10
丙	5	5	23	6
丁	10	16	26	8

7. 考察不同治疗方案对犬瘟的疗效,某动物医院以猪瘟治疗猪为观察对象,将其分为4组,每组100例,分别给予不同的治疗方案,观察治疗效果见下表,问4种治疗方案的治疗效果有无差异?

表5-16 某动物医院采用不同治疗方案对犬瘟疗效的结果

治疗方案	例数	有效率/%
甲	100	41
乙	100	94
丙	100	89
丁	100	27

实训六 一元线性相关回归分析

一、目的与要求

本实训主要介绍线性单相关和单回归,对非线性相关和回归可以借助数学方法转化为线性相关回归。通过本章学习,结合示例和实训,达到如下几个目的:1.理解相关分析与回归分析的基本思想和基本概念;2.熟练掌握线性相关系数计算和相关显著性检验方法;3.熟练掌握建立一元回归方程、进行回归显著性检验的方法;4.掌握相关与回归在电子计算器的使用方法。

二、方法与步骤

(一)一元线性相关回归分析的资料模式和变量模型

1. 资料模式

在科学研究和生产实际中,有内在联系的两个性状,通过观测得到实验数据资料有 n 对,即每一次试验,对应有一对结果,n 次试验可得 (x_1, y_1)、(x_2, y_2)、…、(x_i, y_i)、…、(x_n, y_n),资料模式见表6-1。相关回归分析最终是根据这个样本含量为n的实验结果来研究这两个性状间存在的相关和回归关系。

表6-1 两个相关性状测定结果的一般模式

变量	观测值	样本含量n	平均数	总体平均数
自变量性状	$x_1\, x_2\cdots x_n$	n	$\bar{x} = \dfrac{\sum x_i}{n}$	μ_x
因变量性状	$y_1\, y_2\cdots y_n$	n	$\bar{y} = \dfrac{\sum y_i}{n}$	μ_y

2. 单回归变量线性模型

$$y_i = \alpha + \beta x_i + \varepsilon_i$$

其中：x——预先确定，不受试验误差影响；

y——随 x 而变，且受试验误差影响；或 x、y 都受试验误差的影响（x、y 都为可观测的随机变量）。

α——总体回归截距；

β——总体回归系数；

ε_i——随机变量，相互独立，且都服从 $N(0,\sigma^2)$；即 $\varepsilon_i \sim N(0,\sigma^2)$；$E(\varepsilon_i)=0$；$V(\varepsilon_i)=\sigma^2$；$y \sim N(\alpha+\beta x,\sigma^2)$；$E(y)=\alpha+\beta x$；$V(y)=\sigma^2$。

(二)相关回归分析的方法与步骤

1. 线性单相关分析

线性单相关分析是研究两个性状间平等地相互影响、相互制约的关系。当我们需要对两个相关变量之间的直线相关程度和性质进行分析时，就需要运用一元线性相关分析，具体步骤如下：

(1)计算相关系数 r：$r = \dfrac{SP_{xy}}{\sqrt{SS_x SS_y}}$

r 的取值范围 $|r| \leq 1$；$r=0$，表示两个变量之间不相关；$r>0$，表示两个变量之间呈正相关；$r<0$，表示两个变量之间呈负相关。

(2) r 显著性检验

方法一：t-检验

Ⅰ. 提出假设：$H_0: \rho=0$；$H_A: \rho \neq 0$

Ⅱ. 计算统计量：$t = \dfrac{r-\rho}{S_r} = \dfrac{r}{\sqrt{\dfrac{1-r^2}{n-2}}}$，$df = n-2$

Ⅲ. 统计推断：根据 df 查临界值 $t_{0.05}$ 和 $t_{0.01}$，将计算所得 t 值的绝对值 $|t|$ 与 $t_{0.05}$、$t_{0.01}$ 比较，判断无效假设是否成立，进而推断资料是否呈线性相关。

方法二：查表法

由 $df=n-2$ 查《r 值表》理论临界值 $r_{0.05}(n-2)$，$r_{0.01}(n-2)$ 与计算所得的 r 值相比，即可确定相关系数的显著性。

2. 一元线性回归分析

(1)直线回归方程的建立

① 建立直线回归方程：

$$\hat{y} = a + bx \qquad (6-1)$$

其中,离回归平方和(误差平方和)

$$Q = \sum(y-\hat{y})^2 = \sum(y-a-bx)^2 \qquad (6-2)$$

当Q为最小值时,运用最小二乘法分别对a和b求偏导,并令其值为0,根据微积分学可得:

$$\begin{cases} \dfrac{\partial Q}{\partial a} = -2\sum_i(y_i - a - bx_i) = 0 \\ \dfrac{\partial Q}{\partial b} = -2\sum_i(y_i - a - bx_i)x_i = 0 \end{cases} \qquad (6-3)$$

进一步整理可得,

$$\begin{cases} na + \sum(x_i)b = \sum y_i \\ (\sum x_i)a + \sum(x_i^2)b = \sum x_i y_i \end{cases} \qquad (6-4)$$

求解得,

$$\begin{cases} a = \bar{y} - b\bar{x} \\ b = \dfrac{\sum(x_i - \bar{x})(y_i - \bar{y})}{\sum(x_i - \bar{x})^2} = \dfrac{SP_{xy}}{SS_x} \end{cases} \qquad (6-5)$$

注:x为自变量,y为因变量;

SP_{xy}为x变量与y变量的离均差的乘积和,简称乘积和;

SS_x为x的离均差,反映y的总变异程度,即x的总平方和。

将a,b值代入公式6-1中可得回归方程。其中,a为$x=0$时$\hat{y}$的值,称为回归截距;b为x每增加一个单位时,$\hat{y}$平均增加($b>0$)或减少($b<0$)的单位数,称为回归系数。

$$\hat{y} = (\bar{y} - b\bar{x}) + bx = \bar{y} + b(x - \bar{x}) \qquad (6-6)$$

(2)回归直线的精确度

由(6-2)可知,离回归平方和Q越小,即$\sum(y-\hat{y})^2$值越小时,预测值$\hat{y}$与实际值y值越接近,目标回归直线的预测精确性越高。考虑到上述公式中具有平方单位,而且容易受观察值组数的影响,我们用$\sum(y-\hat{y})^2$除以自由度后再开平方。在我们建立的回归方程中具有两个变量,所以自由度df为$n-2$。由此推出:

$$S_{yx} = \sqrt{\dfrac{\sum(y-\hat{y})^2}{n-2}} \qquad (6-7)$$

其中，S_{yx}为离回归标准差或直线回归方程的估计标准误。S_{yx}值越大，回归方程预测y的精确度越低。

$$Q = \sum(y - \hat{y})^2 = SS_y - \frac{(SP_{xy})^2}{SS_x} \tag{6-8}$$

由(6-5)可得，$SP_{xy} = b \times SS_x$

由此可知，

$$Q = SS_y - b(SP) \tag{6-9a}$$
$$= SS_y - b^2 SS_x \tag{6-9b}$$

(3) 直线回归的显著性检验

① t-检验

Ⅰ．提出假设：$H_0: \beta=0$；$H_A: \beta \neq 0$

Ⅱ．计算统计量：$t = \dfrac{b - \beta}{S_b} = \dfrac{b}{S_b}, df = n - 2$

Ⅲ．统计推断：根据df查临界值$t_{0.05}$和$t_{0.01}$，将计算所得t值的绝对值$|t|$与$t_{0.05}$、$t_{0.01}$比较，判断无效假设是否成立，进而推断资料是否呈线性回归。

② F检验

Ⅰ．提出假设：$H_0: \beta=0$；$H_A: \beta \neq 0$

Ⅱ．计算统计量：

$$F = \frac{MS_R}{MS_r} = \frac{SS_R/df_R}{SS_r/df_r} = \frac{SS_R}{SS_r/(n-2)}$$

其中$SS_R = \dfrac{SP_{xy}^2}{SS_x}$，$SS_r = SS_y - SS_R = SS_y - \dfrac{SP_{xy}^2}{SS_x}$

Ⅲ．统计推断：根据df_1和df_2查临界值$F_{0.05}$和$F_{0.01}$，将计算所得F值与$F_{0.05}$、$F_{0.01}$比较，判断无效假设是否成立，进而推断资料是否呈线性回归。

三、一元线性相关回归分析实例

一元线性相关和回归分析在畜牧生产动物试验中有着广泛的应用，我们通过以下几个实例进行详细的探讨和学习。

(一)一元线性相关分析

【例6-1】某单位研究代乳粉营养价值时，用大鼠做实验，得到大白鼠进食量和增加体重的数据见表6-2，对大鼠进食量与增重数据进行相关分析。

表6-2　大鼠进食量与增重的测定结果

变量	鼠号							
	1	2	3	4	5	6	7	8
进食量/g	800	780	720	867	690	787	934	750
增重/g	185	158	130	180	134	167	186	133

解：1. 计算基本统计量

$$\sum x = 6328, \sum x^2 = 5048814, \sum y = 1273, \sum y^2 = 206619, \sum xy = 1018263$$

2. 计算相关系数 r

$$r = \frac{SP_{xy}}{\sqrt{SS_x SS_y}} = 0.8538$$

3. 相关系数 r 的假设检验

$df=6$，由于 $r=0.8538 > r_{0.01(6)}=0.834$，所以 $P<0.01$，结果表明大白鼠进食量与增重之间存在极显著的关系。

(二) 一元线性回归分析

【例6-2】10头育肥猪的饲料消耗(x)和增重(y)资料见表6-3。试育肥猪的对增重与饲料消耗量进行直线回归分析。

表6-3　育肥猪的饲料消耗量(x)和增重(y)测定结果　　　　　　　单位：kg

| x | 191 | 167 | 194 | 158 | 200 | 179 | 178 | 174 | 170 | 175 |
| y | 33 | 31 | 42 | 24 | 38 | 44 | 38 | 37 | 30 | 35 |

解：1. 求各级统计量：

$$\sum x = 1786, \sum x^2 = 320\,496, \bar{x} = 178.6$$

$$\sum y = 352, \sum y^2 = 12\,708, \bar{y} = 35.2$$

$$\sum xy = 63\,323$$

2. 计算相关系数

$$SS_x = \sum x^2 - \frac{\left(\sum x\right)^2}{n} = 320\,496 - \frac{1786^2}{10} = 1516.4$$

$$SS_y = \sum y^2 - \frac{\left(\sum y\right)^2}{n} = 12\,708 - \frac{352^2}{10} = 317.6$$

$$SP_{xy} = \sum xy - \frac{(\sum x)(\sum y)}{n} = 63\,323 - \frac{1786 \times 352}{10} = 455.8$$

$$r = \frac{SP_{xy}}{\sqrt{SS_x SS_y}} = \frac{455.8}{\sqrt{1\,516.4 \times 317.6}} = 0.656\,8$$

3. 相关系数显著性检验

$df = 10 - 2 = 8$

$r > r_{0.05(8)} = 0.632$，$P < 0.05$，表明育肥猪的饲料消耗量与增重的相关系数显著；

4. 求解回归方程

$$b = \frac{SP_{xy}}{SS_x} = \frac{455.8}{1516.4} = 0.300\,5$$

$$a = \bar{y} - b\bar{x} = 35.2 - 0.300\,5 \times 178.6 = -18.469\,3$$

饲料消耗量和增重的回归方程为：$\hat{y} = -18.469\,3 + 0.300\,5x$

【例6-3】在四川白鹅的生产性能研究中，得到如下的一组关于四川白鹅的雏重(g)与70日龄重(g)的数据，试建立70日龄重(y)与雏重(x)的直线回归方程。试建立70日龄重(y)与雏重(x)的直线回归方程。

表6-4 四川白鹅雏重与70日龄重的测定结果

编号	雏重(x)/g	70日龄重(y)/g
1	80	2 350
2	86	2 400
3	98	2 720
4	90	2 500
5	120	3 150
6	95	2 630
7	83	2 400
8	113	3 080
9	105	2 920
10	110	2 960

解：由题可知，该资料样本含量为10，两个性状分别为70日龄重(y)与雏鹅重(x)。首先根据原始数据计算一级统计量如下：

$$\sum x_i = 80 + 86 + \cdots + 110 = 980$$

$$\sum x_i^2 = 80^2 + 86^2 + \cdots + 110^2 = 97\,708$$

$$\sum y_i = 2\,350 + 2\,400 + \cdots + 2\,960 = 27\,110$$

$$\sum y_i^2 = 2\,350^2 + 2\,400^2 + \cdots + 2\,960^2 = 74\,304\,700$$

$$\sum x_i y_i = (80 \times 2\,350) + (86 \times 2\,400) + \cdots + (110 \times 2\,960) = 2\,693\,250$$

由上面的一级统计量计算二级统计量得：

$$SS_x = \sum x_i^2 - \frac{\left(\sum x_i\right)^2}{n} = 97\,708 - \frac{(980)^2}{10} = 1\,668$$

$$SS_y = \sum y_i^2 - \frac{\left(\sum y_i\right)^2}{n} = 74\,304\,700 - \frac{(27\,110)^2}{10} = 809\,490$$

$$SP_{xy} = \sum x_i y_i - \frac{\left(\sum x_i\right)\left(\sum y_i\right)}{n} = 2\,693\,250 - \frac{980 \times 27\,110}{10} = 36\,470$$

$$\bar{x} = \frac{\sum x}{n} = \frac{980}{10} = 98$$

$$\bar{y} = \frac{\sum y}{n} = \frac{27\,110}{10} = 2\,711$$

进一步计算可得：

$$b = \frac{SP_{xy}}{SS_x} = \frac{36\,470}{1\,668} = 21.86$$

$$a = \bar{y} - b\bar{x} = 2\,711 - 21.86 \times 98 = 568.28$$

由此可得，四川的鹅的70日龄重(y)与雏重(x)的直线回归方程为：

$$\hat{y} = 567.28 + 21.86x$$

四、一元线性相关回归分析应该注意的问题

回归分析和相关分析已广泛运用于动物科学类专业的科研工作中，但是却很容易被误用或对结果作出错误的解释。为了正确地应用回归分析和相关分析这一类分析分法，必须注意以下几点：

(1)回归分析和相关分析毕竟是处理变量间关系的数学方法，在将这些方法应用于畜牧、水产、兽医科学研究时要考虑到动物本身的客观实际情况。例如，变量间是否存在相关以及在什么条件下会发生什么相关，求出的回归方程是否有实际意义，回归直线是否可以延伸，某性状作为自变量或依变量的确定等等，都必须由动物学科的专业知识来决定，并且还应回到本专业实践中去检验。如果不以一定的生物科学依据为前提，把风

马牛不相及的资料随意凑到一块作回归或相关分析,那将是根本性的错误。

(2)由于回归和相关所表示的是变量间的统计关系,因此通过统计分析所求出的数量性指标或数学表达式,往往带有所产生的那个群体或样本的特异性而并不具有通用的性质。就是说,要考虑到回归系数、相关系数等这些统计数的适用范围。

(3)必须严格控制被研究的两个变量以外的各个变量的变动范围,使之尽可能为固定的常量。这是因为在动物科学类科学研究和实际生产中,各种因素有着复杂的相互联系和相互制约关系,一个因素的变化常常受到许多因素的影响。例如畜禽生产性能的高低,就受到品种、饲养管理、温度、湿度等因素的影响。这种情况下,选择两个变量进行回归、相关分析,如果其余变量都在变动,就不可能获得这两个变量的比较真实的关系。

(4)为了提高回归和相关分析的准确性,两个样本的容量一般不应小于5,且使x变量的取值范围尽可能地大一些。

5.一个不显著的相关系数并不一定意味着x和y没有关系,而只能说明x和y没有显著的线性关系。一个显著的线性相关系数或回归系数亦并不意味着x和y的关系必为线性,因为它并不排斥有能够更好地描述x和y关系的非线性方程的存在。

6.一个显著的回归并不一定具有实践上的预测意义。如一个资料x、y两个变量间的相关系数$r=0.50$,在$df=24$时,$r_{0.01(24)}=0.496$,$r>r_{0.01(24)}$,表明相关系数极显著。而$r^2=0.25$,表明x变量或y变量的总变异能够通过y变量或x变量以线性回归的关系来估计的比重只占25%,其余75%的变异无法借助线性回归关系来估计。

五、待整理的资料

1.为了确定大白鼠的血糖减少量y与胰岛素A注射剂量x之间的关系,对在相同条件下繁殖的10只大白鼠分别注射的不同剂量x胰岛素A后,测定各鼠血糖减少量y,数据如下。试进行相关分析并建立血糖减少量(y)对胰岛素A注射剂量(x)的直线回归方程。

表6-5　血糖减少量(y)与胰岛素A注射剂量(x)的测定结果　　单位:g

变量	动物编号									
	1	2	3	4	5	6	7	8	9	10
胰岛素A注射剂量(x)	0.20	0.25	0.30	0.35	0.40	0.45	0.50	0.55	0.60	0.65
血糖减少量(y)	28	34	35	44	47	50	54	56	65	66

2.科研人员在进行约克夏母猪妊娠期间胎儿的发育情况的研究中,得到如下一组关于妊娠55天胎猪体长(cm)和体重(g)的数据,试进行相关分析并建立体重(y)对体长(x)

的直线回归方程。

表6-6　约克夏母猪妊娠55天胎猪体长和体重的测定结果

变量	动物编号										
	1	2	3	4	5	6	7	8	9	10	11
体长 x/g	11.8	13.3	10.5	10.6	13.6	9.5	11.2	11.5	14.1	12.2	13.1
体重 y/g	90.1	99.6	84.3	84.2	98.8	82.9	89.6	92.5	102.1	93.7	98.0

3. 某饲料生产厂家用(杜×长×大)三元育肥猪做试验,测试其最新研发的育肥猪饲料的生产效果,得到育肥期间采食量(g)与日增重(g)之间的数据如下,试求体重 y 对采食量 x 之间的线性回归方程、相关系数并检验回归效果的显著性。

表6-7　(杜×长×大)三元猪在育肥期间采食量与日增重的测定结果　　单位:g/d

变量	动物编号									
	1	2	3	4	5	6	7	8	9	10
采食量 x/g	2 038.7	1 850.2	2 109.6	2 244.8	1 842.3	1 985.8	1 791.4	2 121.2	1 944.3	2 327.5
日增重 y/g	817.2	752.8	860.3	893.6	784.9	790.5	765.4	852.2	798.8	921.4

实训七 协方差分析

一、目的与要求

通过本部分的学习,可达到以下目的:第一,通过对研究因素之外的相关因素效应分析,并实施矫正,降低试验因素以外相关因素的影响,从而理解协方差分析的基本原理;第二,掌握协方差分析的基本方法。

二、协方差分析的方法与步骤

(一) 协方差分析数据模型

协方差是方差分析结合回归分析,这一数学线性模型表现出来

$$y_{ij} = \mu_y + \alpha_i + \beta(x_{ij} - \mu_x) + \varepsilon_{ij}$$

其中,μ_y, μ_x 分别是试验指标因变量 y 和自变量 x 的总体平均数;

α_i 是第 i 个处理的效应值;

β 是 y 依 x 的总体回归系数;

y_{ij}, x_{ij} 分别是因变量和自变量,x_{ij} 是第 i 个处理中第 j 个个体的自变量的观察值,y_{ij} 是第 i 个处理中第 j 个个体的试验指标的观察值;

ε_{ij} 表示误差值。

设一单因素计量资料试验,水平数为 a、重复数为 n,y 为研究的试验指标,但该试验有一非主要研究试验因素 x(自变量),x 因素对试验指标有影响,每处理组内皆有 n 对观测值 x、y,则该资料为包括 an 对 x、y 观测值的单向分组资料,其数据一般模式如表 7-1 所示。

表 7-1 an 对观测值 x、y 的单向分组资料的一般形式

组别	观测值	总和	平均值
处理 1	$x_{11};x_{12};x_{13};\cdots;x_{1j};\cdots;x_{1n}y_{11};y_{12};$ $y_{13};\cdots;y_{1j};\cdots;y_{1n}$	$T_{x_1.}$ $T_{y_1.}$	$\overline{x_1.}$ $\overline{y_1.}$
处理 2	$x_{21};x_{22};x_{23};\cdots;x_{2j};\cdots;x_{2n}$ $y_{21};y_{22};y_{23};\cdots;y_{2j};\cdots;y_{2n}$	$T_{x_2.}$ $T_{y_2.}$	$\overline{x_2.}$ $\overline{y_2.}$
…			
处理 i	$x_{i1};x_{i2};x_{i3};\cdots;x_{ij};\cdots;x_{in}$ $y_{i1};y_{i2};y_{i3};\cdots;y_{ij};\cdots;y_{in}$	$T_{x_i.}$ $T_{y_i.}$	$\overline{x_i.}$ $\overline{y_j.}$
…			
处理 a	$x_{a1};x_{a2};x_{a3};\cdots;x_{aj};\cdots;x_{an}$ $y_{a1};y_{a2};y_{a3};\cdots;y_{aj};\cdots;y_{an}$	$T_{x_a.}$ $T_{y_a.}$	$\overline{x_a.}$ $\overline{y_a.}$
总计		$T_{x..}$ $T_{y..}$	$\overline{x..}$ $\overline{y..}$

在方差分析中将总的平方和和自由度按照变异来源进行分解,并求出相应的均方,两变量的总乘积和 SP 与自由度也可以按照变异来源分解,并求出其相应的均积。

(二)协方差分析的步骤

1. 计算两个变量各项的平方和、乘积和与自由度

(1) x 变量各项平方和

$$SS_{T(x)} = SS_{t(x)} + SS_{e(x)}$$

其中: $SS_{T(x)} = \sum_{i=1}^{a}\sum_{j=1}^{n}x_{ij}^2 - \dfrac{T_{x..}^2}{an}$ 为 x 的总离均差平方和;

$SS_{t(x)} = \dfrac{1}{n}\sum_{i=1}^{a}x_{i.}^2 - \dfrac{T_{x..}^2}{an}$ 为 x 的组间(处理)平方和;

$SS_{e(x)} = SS_{T(x)} - SS_{t(x)}$ 为 x 的组内(误差)平方和。

(2) y 变量各项平方和

$$SS_{T(y)} = SS_{t(y)} + SS_{e(y)}$$

其中: $SS_{T(y)} = \sum_{i=1}^{a}\sum_{j=1}^{n}y_{ij}^2 - \dfrac{T_{y..}^2}{an}$ 为 y 的总离均差平方和;

$SS_{t(y)} = \dfrac{1}{n}\sum_{i=1}^{a}y_{i.}^2 - \dfrac{Ty_{..}^2}{an}$ 为 y 的组间(处理)平方和;

$SS_{e(y)} = SS_{T(y)} - SS_{t(y)}$ 为 y 的组内(误差)平方和。

(3)乘积和的各项平方和

$$SP_T = SP_t + SP_e$$

其中：$SP_T = \sum_{i=1}^{a}\sum_{j=1}^{n}x_{ij}y_{ij} - \dfrac{T_{x..}T_{y..}}{kn}$ 为 x 和 y 的总离均差乘积和；

$SP_t = \dfrac{1}{n}\sum_{i=1}^{a}x_{i.}y_{i.} - \dfrac{T_{x..}T_{y..}}{an}$ 为 x 和 y 的组间(处理)乘积和；

$SP_e = SP_T - SP_t$ 为 x 和 y 的处理内的乘积和。

(4)两个变量各项自由度

x 变量、y 变量与乘积和的各项自由度计算均相同

$$df_T = df_t + df_e$$

其中，总变异的自由度：$df_T = an-1$；

处理间的自由度：$df_t = a-1$；

误差项的自由度：$df_e = a \times (n-1)$。

将计算所得的两个变量各项的平方和、乘积和与自由度汇总在表7-2所示。

表7-2　x 与 y 的平方和与乘积和表

变异来源	SS_x	SS_y	SP	df
处理间	$SS_{t(x)}$	$SS_{t(y)}$	SP_t	$a-1$
误　差	$SS_{e(x)}$	$SS_{e(y)}$	SP_e	$a(n-1)$
总变异	$SS_{T(x)}$	$SS_{T(y)}$	SP_T	$an-1$

2. 误差项(组内)回归关系的显著性检验

组内的回归关系不包含处理间差异的影响，通过组内回归关系分析找到协变量(x)与依变量(y)间的真实回归关系，目的在于判断 y 变量与 x 变量之间是否存在回归关系。如果误差回归关系不显著，则说明 y 与 x 无关，则可以不用考虑始重 x，而直接对 y 变量进行方差分析。如果误差回归关系显著，表明 y 变量受到 x 变量的影响，需要用组内项的回归系数对 y 变量进行校正，消除 x 变量对 y 变量的影响，从而使用 x 变量在相同水平的基础上进行比较。

(1)计算误差项回归系数、回归平方和与离回归平方和与自由度

误差项回归系数

$$b_{yx(e)} = \dfrac{SP_e}{SS_{e(x)}}$$

误差项回归平方和与相应的自由度

$$SS_{R(e)} = \dfrac{SP_e^2}{SS_{e(x)}} \quad df_{R(e)} = 1$$

误差项离回归平方和与自由度

$$SS_{r(e)} = SS_{e(y)} - SS_{R(e)}$$
$$df_{r(e)} = df_{e(y)} - df_{R(e)}$$

(2)误差项回归关系的显著性检验

将计算结果列成方差分析表(表7-3)

表7-3　y变量与x变量的回归关系方差检验表

变异来源	df	SS	MS	F
误差项回归	$dfR(e)$	$SSR(e)$	$MSR(e)$	$MSR(e)/MSr(e)$
误差项离回归	$dfr(e)$	$SSr(e)$	$MSr(e)$	
误差项总和	$dfe(y)$	$SSe(y)$		

通过F检验,差异不显著,则说明y变量与x变量之间不存在回归关系,只对y进行方差分析,不能直接进行协方差分析;若差异显著或极显著,y变量与x变量之间存在回归关系,则y变异应扣除因x引起的那部分变异(回归变异),再进行方差分析。

3. 对y变量各项平方和与自由度进行矫正值

$$SS'_T = SS_{T(y)} - SS_{R(y)} = SS_{T(y)} - \frac{SP_T^2}{SS_{T(x)}}$$

$$SS_{e(校正)} = SS_{e(y)} - SS_{e(回归)}$$
$$SS_{t(校正)} = SS_{T(y)} - SS_{e(回归)}$$
$$df_{T(校正)} = df_{T(y)} - df_{T(回归)}$$
$$df_{e(校正)} = df_{e(y)} - df_{e(回归)}$$
$$df_{t(校正)} = df_{T(矫正)} - df_{e(回归)}$$

将校正后y变量的各统计量列在表里,如表7-4所示。

表7-4　矫正y变量的方差分析表

变异来源	df'	SS′	MS′	F′	显著性描述
处理间(t)	$a-1$	SSt′	MSt′	F′ = MSt′/MSe′	
误差(e)	$a(n-1)-1$	SSe′	MSe′		
总和(T)	$an-2$	SST′	MST′		

矫正后y变量经F检验不显著,表明各处理间无显著差异;若显著或极显著,则先对各处理平均数进行矫正,再进行多重比较。

4. 线性回归关系校正各处理的平均数

由于原来各处理的因变量试验指标($\bar{y}_{i.}$)是在自变量($\bar{x}_{i.}$)不等条件下得到的,为了正确比较各处理的差异,应将因变量试验指标校正到自变量相同的因变量试验指标,从而比较能在相同的自变量水平基础上进行。

$$b_{yx(e)} = \frac{SP_{(e)}}{SS_{e(x)}}$$

$$\bar{y}'_{i.} = \bar{y}_{i.} - b_{yx(e)}(\bar{x}_{i.} - \bar{x}..)$$

5. 对各个处理校正后的平均数进行多重比较

校正后的平均数进行多重比较,可以针对用两个校正后的平均数用t-检验的方法,也可以用SSR法检验。

(1)t-检验计算公式为

$$t = \frac{\bar{y}'_{i.} - \bar{y}'_{j.}}{s_{\bar{y}'_{i.} - \bar{y}'_{j.}}} = \frac{\bar{y}'_{i.} - \bar{y}'_{j.}}{s_{\bar{y}'_{i.} - \bar{y}'_{j.}}}$$

$$S_{\bar{y}'_{i.} - \bar{y}'_{j.}} = \sqrt{MS'_e\left[\frac{1}{n_i} + \frac{1}{n_j} + \frac{(\bar{x}_{i.} - \bar{x}_{j.})^2}{SS_{e(x)}}\right]}$$

式中,$\bar{y}'_{i.} - \bar{y}'_{j.}$两个处理校正平均数间的差数;

$S_{\bar{y}'_{i.} - \bar{y}'_{j.}}$——两个处理校正平均数差数标准误;

MS'_e——校正后误差离回归均方;

n_i, n_j——比较二样本的重复数;

$\bar{x}_{i.}$——处理i的x变量的平均数;

$\bar{x}_{j.}$——处理j的x变量的平均数;

$SS_{e(x)}$——x变量的误差平方和。

由于每次比较都要分别计算$S_{\bar{y}'_{i.} - \bar{y}'_{j.}}$,非常繁杂,为简便起见,当误差项自由度在20及20以上时,且x变量的变异较小情况下,可共用一个平均数的均数差异标准误或者使用LSD法进行多重比较。校正平均数差数标准误$S_{\bar{y}'_{i.} - \bar{y}'_{j.}}$计算公式:

$$S_{\bar{y}'_{i.} - \bar{y}'_{j.}} = \sqrt{\frac{2MS'_e}{n}\left[1 + \frac{SS_{t(x)}}{SS_{e(x)}(k-1)}\right]}$$

(2)LSR法

用SSR法进行多重比较则处理i和处理j的平均数据的最小显著极差值计算公式为:

$$LSR_{\alpha,k} = SSR_{\alpha(df_e,k)}\bar{S}_y$$

$$LSR_{\alpha,k} = q_{\alpha(df_e',k)} \overline{S}_y$$

式中 df_e' 表示校正后的误差自由度，k 为秩次距 SSR 和 q 值分别为误差自由和查 q 值表得到的数值。$\overline{S}_y$ 校正后的平均数的标准误计算公式为：

$$\overline{S}_y = \sqrt{\frac{MS_e'}{n}\left[1 + \frac{SS_{t(x)}}{SS_{e(x)}(k-1)}\right]}$$

其中，MS_e' 为误差离回归均方；

N 为各处理的重复数；

$SS_{t(x)}$ 为 x 变量的处理平方和；

$SS_{e(x)}$ 为 x 变量的误差平方和；

a 为试验的处理数。

【例7-1】筛选三种饲料配方对猪增重的影响，选择育成阶段的DLY杂交猪24头，每个处理8头猪，实验结束后称重计算日增重资料（表7-5）。由于各个处理供试猪的初始体重（初差）差异较大，试对资料进行协方差分析。

表7-5　不同饲料配方对育成猪增重的影响　　　　　　　　　　　　单位：kg

处　理	配方1		配方2		配方3	
观测指标	初重 x	日增重 y	初重 x	日增重 y	初重 x	日增重 y
观测值	62	0.6	67	0.73	72	0.83
	63	0.61	66	0.71	74	0.84
	61	0.59	66	0.72	75	0.91
	65	0.63	68	0.75	73	0.81
	67	0.68	69	0.76	74	0.82
	64	0.61	67	0.72	75	0.83
	63	0.6	65	0.72	76	0.9
	62	0.6	65	0.7	73	0.82
总和 $x_{i.}, y_{i.}$	507	4.92	533	5.81	592	6.76
平均 $\bar{x}_{i.}, \bar{y}_{i.}$	63.375	0.615	66.625	0.726	74	0.845

此资料是一个自变量的单因素协方差分析，计算步骤如下：

1. 计算两个变量各项的平方和、乘积和与自由度

（1）x 变量各项平方和

x 的总离均差平方和

$$SS_{T(x)} = \sum_{i=1}^{a}\sum_{j=1}^{n} x_{ij}^2 - \frac{T_{x..}^2}{an} = (62^2 + 63^2 + ... + 73^2) - \frac{1632^2}{24} = 526$$

x 的处理间平方和

$$SS_{t(x)} = \frac{1}{n}\sum_{i=1}^{a} x_{i.}^2 - \frac{T_{x..}^2}{an} = \frac{1}{8}(507^2 + 533^2 + 592^2) - \frac{1632^2}{24} = 474.25$$

误差(处理内)平方和与自由度

$$SS_{e(x)} = SS_{T(x)} - SS_{t(x)} = 526 - 474.25 = 51.75$$

(2)求 y 变量各项平方和与自由度

y 的总离均差平方和

$$SS_{T(y)} = \sum_{i=1}^{a}\sum_{j=1}^{n} y_{ij}^2 - \frac{T_{y..}^2}{an} = (0.6^2 + 0.61^2 + 0.59^2 + ... + 0.82^2) - \frac{17.49^2}{3 \times 8} = 0.2305$$

y 的组间(处理)平方和

$$SS_{t(y)} = \frac{1}{n}\sum_{i=1}^{a} y_{i.}^2 - \frac{T_{y..}^2}{akn} = \frac{1}{8}(4.92^2 + 5.81^2 + 6.76^2) - \frac{17.49^2}{3 \times 8} = 0.2117$$

y 的组内(误差)平方和

$$SS_{e(y)} = SS_{T(y)} - SS_{t(y)} = 0.2305 - 0.2117 = 0.0188$$

(3)乘积和的各项平方和

x 和 y 的总离均差乘积和

$$SP_T = \sum_{i=1}^{a}\sum_{j=1}^{n} x_{ij}y_{ij} - \frac{T_{x..}T_{y..}}{an}$$
$$= (62 \times 0.6 + 63 \times 0.61 + 61 \times 0.59 + ... + 76 \times 0.9) - \frac{1632 \times 17.49}{3 \times 8}$$
$$= 1199.93 - 1189.32 = 10.61$$

x 和 y 的组间(处理)乘积和

$$SP_t = \frac{1}{n}\sum_{i=1}^{a} x_{i.}y_{i.} - \frac{T_{x..}T_{y..}}{an}$$
$$= \frac{1}{8}(507 \times 4.92 + 533 \times 5.81 + 592 \times 6.76) - \frac{1632 \times 17.49}{3 \times 8} = 9.82$$

x 和 y 的处理内的乘积和

$$SP_e = SP_T - SP_t = 10.61 - 9.82 = 0.79$$

(4)两个变量各项自由度

总变异的自由度：$df_T = an - 1 = 23$

处理间的自由度：$df_t = a - 1 = 2$

误差项自由度：$df_e=a×(n-1)=21$

将上述计算所得到的平方和、乘积和与自由度的计算结果列于表7-6。

表7-6　平方和、乘积和与自由度的计算结果

变异来源	SSx	SSy	SP	df
处理间(t)	474.25	0.2117	9.82	2
处理内(误差)(e)	51.75	0.0188	0.79	21
总变异(T)	526	0.2305	10.61	23

进行协方差分析之前，先检验各处理初始条件间是否存在差异，对试验自变量x进行方差分析，如果方差分析的结果表明初始条件x间差异显著，则需要对y变量进行协方差分析，消除初始条件对试验结果的影响，本例对x和y分别作方差分析结果见表7-7，结果表明初始体重间存在着极显著的差异，因此，需要采用协方差分析，消除初重对不同试验结果的影响，减少实验误差。

表7-7　初重和增重的方差分析

变异来源	df	x 变量 SS	MS	F	y 变量 SS	MS	F	F值
处理组间	2	474.25	237.125	96.225**	0.211675	0.105838	118.3014**	F0.05=3.49
处理内(误差)	21	51.75	2.464		0.018788	0.000895		F0.01=5.85
总变异(T)	23	526			0.230463			

2. 对y变量的误差项进行回归关系的分析

x和y是否存在显著性直线回归关系是进行协方差的前提条件，一般是通过检验误差项回归关系分析找出日增重(y)和初重(x)之间是否存在线性关系，计算出y误差项的回归平方和与自由度，离回归平和与自由度，进一步计算回归均方与离回归均方，通过F检验，若差异显著或极显著，说明y变量与x变量之间存在线性回归关系，则y的变异应扣除因x引起的那部分变异(回归变异)，可以用线性回归系数矫正y值，消除初重对试验结果的影响，如果线性关系不显著，则不需进行协方差分析。

回归分析的步骤如下：

(1)计算误差项回归系数、回归平方和、离回归平方和与相应的自由度。

回归系数 $$b_{yx(e)} = \frac{SP_e}{SS_{e(x)}} = \frac{0.79}{51.75} = 0.01527$$

误差项回归平方和与自由度

$$SS_{R(e)} = \frac{SP_e^2}{SS_{e(x)}} = \frac{0.79^2}{51.75} = 0.01206$$

$$df_{R(e)} = 1$$

(3)误差项离回归平方和与自由度

$$SS_{r(e)} = SS_{e(y)} - SS_{R(e)} = SS_{e(y)} - \frac{SP_e^2}{SS_{e(x)}}$$

$$= 0.0188 - 0.01206 = 0.00674$$

$$df_{r(e)} = df_{e(y)} - df_{e(R)} = 21 - 1 = 20$$

表7-8 仔猪日增重与初重的回归关系显著性检验表

变异来源	SS	df	MS	F	$F_{0.01}$
误差回归	0.012 06	1	0.012 06	35.786**	7.255
误差离回归	0.006 74	20	0.000 337		
误差总和	0.018 80	21			

F检验极显著,表明初重和日增重间存在极显著的线性关系,因此可以利用线性回归关系矫正日增重y。

3. 对校正后的增重作方差分析

如果用矫正后的数据计算总平方和、误差平方和及自由度,计算过程比较繁琐,统计学已经证明,校正后的总平方和、误差平方和及自由度与其相应变异项的离回归平方和及自由度一样,因此,其各项平方和及自由度可直接计算。

(1)校正日增重的总平方和与自由度,即总离回归平方和与自由度

$$SS_T' = SS_{T(y)} - SS_{R(y)} = SS_{T(y)} - \frac{SP_T^2}{SS_{T(x)}} = 0.2305 - \frac{10.61^2}{526} = 0.01649$$

$$df_T' = df_{T(y)} - df_{R(y)} = 23 - 1 = 22$$

(2)校正日增重的误差项平方和与自由度,即误差离回归平方和与自由度

$$SS_e' = SS_{e(y)} - SS_{R(e)} = SS_{e(y)} - \frac{SP_e^2}{SS_{e(x)}} = 0.0188 - \frac{0.79^2}{51.75} = 0.00674$$

$$df_e' = df_{e(y)} - df_{e(R)} = 21 - 1 = 20$$

(3) 校正日增重的处理间平方和与自由度

$$SS'_t = SS'_T - SS'_e = 0.01649 - 0.00674 = 0.00975$$

$$df'_t = df'_T - df'_e = a - 1 = 3 - 1 = 2$$

列出方差分析表（见表7-9），校正后的仔猪日增重与初生重协方差分析表。

表7-9　校正后的仔猪日增重与初生重协方差分析表

变异来源	df	SS_x	SS_y	SP_{xy}	校正方差分析			
					df	SS	MS	F值
处理	2	474.25	0.2117	9.82	2	0.00975	0.004875	14.47
误差	21	51.75	0.0188	0.79	20	0.00674	0.000337	
总变异	23	526	0.2305	10.61	22	0.01649		

因$F_{0.01(2,21)} = 5.78$，$F = 14.47 > 5.78$，所以，$P < 0.01$，三种饲料配方对矫正后育成猪日增重的影响极显著。

4. 多重比较

(1) 根据线性关系对各处理y_i的平均数进行矫正后

误差项的回归系数$b_{yx(e)}$表示初重对日增重影响的性质和程度，且不包含处理间差异的影响，可用$b_{yx(e)}$根据初重的不同来校正每一处理的日增重。日增重计算公式如下：

$$\bar{y}'_{i\cdot} = \bar{y}_{i\cdot} - b_{yx(e)}(\bar{x}_{i\cdot} - \bar{x}_{\cdot\cdot})$$

$\bar{y}'_{i\cdot}$为第i处理校正日增重；

$\bar{y}_{i\cdot}$为第i处理实际日增重；

$\bar{x}_{i\cdot}$为第i处理实际初重；

$\bar{x}_{\cdot\cdot}$为全试验的初重平均数，$\bar{x}_{\cdot\cdot} = \dfrac{x_{\cdot\cdot}}{kn} = \dfrac{1632}{24} = 68$；

$b_{yx(e)}$为误差回归系数，$b_{yx(e)} = 0.01527$。

校正后的各日增重为：

$\bar{y}'_{1\cdot} = \bar{y}_{1\cdot} - b_{yx(e)}(\bar{x}_{1\cdot} - \bar{x}_{\cdot\cdot}) = 0.615 - 0.01527 \times (63.375 - 68) = 0.6856$

$\bar{y}'_{2\cdot} = \bar{y}_{2\cdot} - b_{yx(e)}(\bar{x}_{2\cdot} - \bar{x}_{\cdot\cdot}) = 0.72625 - 0.01527 \times (66.625 - 68) = 0.7472$

$\bar{y}'_{3\cdot} = \bar{y}_{3\cdot} - b_{yx(e)}(\bar{x}_{3\cdot} - \bar{x}_{\cdot\cdot}) = 0.845 - 0.01527 \times (74 - 68) = 0.7534$

(2) 对各个处理校正后的日增重平均值间进行多重比较

对矫正后的日增重的方差分析结果表明:不同的饲料配方对猪日增重差异显著,因此对不同处理间的日增重进行多重比较,这里选择用SSR法进行多重比较则处理i和处理j的平均数据的最小显著极差值计算公式为:

$$LSR_{\alpha,k} = SSR_{\alpha(df_e',k)} \overline{S}_y$$

$$LSR_{\alpha,k} = q_{\alpha(df_e',k)} \overline{S}_y$$

式中,df_e'表示校正后的误差自由度,k为秩次距,SSR和q值分别为校正误差自由和k查表得到的数值。$\overline{S}_y$校正后的平均数的标准误计算公式为:

$$\overline{S}_y = \sqrt{\frac{MS_e'}{n}\left[1+\frac{SS_{t(x)}}{SS_{e(x)}(k-1)}\right]} = \sqrt{\frac{0.000337}{8}\left[1+\frac{474.25}{51.75\times(3-1)}\right]} = 0.015335$$

根据校正后的误差自由度df_e',依据秩次距k查SSR值,计算得到LSR值,见下表。

表7-10　SSR值及LSR值表

df_e'	标准误	k	$SSR_{0.05}$	$SSR_{0.01}$	$LSR_{0.05}$	$LSR_{0.01}$
20	0.015335	2	2.95	4.02	0.04524	0.06165
		3	3.1	4.22	0.04754	0.06471

三种饲料配方对校正日增重影响多重比较结果见下表:

表7-11　饲料配方各水平之间的多重比较结果

饲料配方	校正平均值	$\alpha = 0.05$	$\alpha = 0.01$
饲料配方3	0.7534	a	A
饲料配方2	0.7472	a	AB
饲料配方1	0.6856	b	B

多重比较结果表明:配方3对育成猪的日增重效果极显著优于配方1,配方2对育成猪的日增重效果显著优于配方1,而配方3与配方2之间没有显著性差异。

三、协方差分析应该注意的问题

注意协方差分析应用的条件,并非所有的数据都适合进行协方差分析。资料需满足自变量和因变量的关系是线性的,且回归系数不受处理水平的影响,表现为:在不同处理下因变量对自变量的回归直线是平行的;随机误差服从正态分布$N(0,\sigma^2)$,且各处理间互相独立。

四、待整理的资料

设有两种猪促生长添加剂和对照3个处理,重复数为10,共30头猪参与试验。两个月增重资料如下表7-12。由于各个处理参试猪初始重差异较大,对资料进行协方差分析。

表7-12　生长添加剂促猪增重结果　　　　　　　　　　　单位:kg

处理	添加剂1		添加剂2		对照组	
	初始重x	增重y	初始重x	增重y	初始重x	增重y
观测值	28.5	37.5	17.5	28.5	28.5	26.5
	24.5	27.0	21.5	20.5	22.5	18.5
	27.0	23.5	20.0	19.5	25.0	28.5
	22.5	22.5	22.5	22.5	19.0	18.0
	23.0	26.5	22.5	25.5	18.5	16.0
	28.5	32.5	26.0	26.5	25.0	30.5
	22.5	24.5	18.5	20.5	22.5	20.5
	28.4	23.5	18.5	31.5	20.5	16.0
	24.5	24.5	20.5	18.5	27.0	16.0
	26.0	27.0	21.0	24.0	23.0	21.0

实训八

试验设计方法

一、目的与要求

在生物学领域,试验是获得数据资料的最主要手段。通过实训熟练掌握所介绍的几种基本试验设计方法,能独立、正确地进行试验设计,达到"概念清晰,原理清楚,方法熟练"的基本要求,并为科学研究奠定方法论的基础。

二、试验设计方法与步骤

(一)完全随机设计

完全随机设计是根据试验处理数将全部供试材料(实验动物或者其他实验材料)随机地分成若干组,然后再将试验处理随机实施于各组的供试单位,按组实施不同处理的设计方法。这种设计保证每个试验单位都有相同机会接受任何一种处理,而不受试验人员主观倾向的影响。

完全随机设计的实质是将试验单位随机分组。随机分组常用的方法有抽签法和随机数字法。完全随机设计中主要应用随机数字法进行随机化。随机数字法是用随机数字表(附表11)中的随机数字,或用随机数字函数如Excel的"RANDBETWEEN"函数产生的随机数字进行随机化。随机数字表(附表11)上所有的数字均按随机抽样原理进行编制,表中任何一个数字出现在任何一个位置均是完全随机的。随机数字函数如Excel的"RAND"函数和"RANDBETWEEN"函数是按随机抽样原理产生随机数字,任何一次随机数字函数运算产生任何一个数字也都是完全随机的。

【例8-1】进行甲、乙、丙三种肉兔饲料的饲养比较试验,以1只肉兔为1个试验单位,选择同品种、体况体重相近的1月龄健康母兔30只,在一个圈舍的30个笼位中进行试验,请做出试验设计。

解:由于供试动物固有的初始条件如品种、性别、年龄、体况体重等基本一致,试验的环境条件也接近,所以采用完全随机设计来对试验材料进行分组。

第一步,动物编号 将所有供试动物依次编号为1,2,3,…,30。然后从随机数字表中任意一个随机数字开始向任一方向(左、右、上、下)依次抄下30个随机数字,或用随机数字函数如Excel的"RANDBETWEEN(0,99)"函数产生的30个随机数字。

第二步,确定分组规则 将各动物对应的随机数字除以分组的组数(本例为3),余数为1,则将该动物分入第1组;余数为2,则将该动物分入第2组;余数为0,则将该动物分入第3组。

第三步,抄录随机数字。从Excel的"RANDBETWEEN(0,99)"函数产生的随机数字中,连续抄录30个随机数字,前15个随机数字列于表8-1的第二列,后15个随机数字列于表8-1的第五列。

表8-1 两个处理的试验单位完全随机分组

肉兔编号	随机数字	组别	肉兔编号	随机数字	组别
1	61	1	16	65	2
2	29	2	17	75	3
3	78	3	18	78	3
4	41	2	19	67	1
5	32	2	20	23	2
6	9	3	21	80	2
7	79	1	22	59	2
8	31	1	23	65	2
9	74	2	24	19	1
10	82	1	25	28	1
11	71	2	26	71	2
12	62	2	27	63	3
13	6	3	28	13	1
14	20	2	29	46	1
15	42	3	30	10	1

第四步,动物分组。根据第二步分组规则,将组号分别列于表8-1的第三列和第六列。得到的30只肉兔分组结果为:

第1组动物编号:1,7,8,10,19,24,25,28,29,30

第2组动物编号:2,4,5,9,11,12,14,16,20,21,22,23,26

第3组动物编号:3,6,13,15,17,18,27

第1组刚好10只兔不用再调整,由于第2组13只比第3组多了6只动物,需要调出3只动物至第3组。

第五步,调整组别。

①抄录随机数字。这里多了3只动物需抄录3个随机数字。这里从随机数字表(附表I)第12行第9列和第10列的随机数字75开始向右连续抄录3个00~99的两位随机数字,分别为75,84,16。

②计算随机数字的余数。用第2组的动物数13去除第一个随机数字75得到余数为10;用比第2组的肉兔数量少1的数字12去除第二个随机数字84得到余数为0,把余数为0当成除数值对待,即此时余数为12;用比第2组的肉兔数量少2的数字11去除第三个随机数字16得到余数为5。

③动物第一次排序。将第2组的动物按1,2,…依次排序,每头动物一个序号。

第2组动物编号:2,4,5,9,11,12,14,16,20,21,22,23,26

第2组动物第一次排序:1,2,3,4,5,6,7,8,9,10,11,12,13

④第一次调出动物,第一个随机数字的余数为10,将第2组动物中的第一次排序为10(动物编号为21)的动物调出。

⑤动物第二次排序。余下的12头动物进行第二次排序。

第2组动物编号:2,4,5,9,11,12,14,16,20,22,23,26

第2组动物第二次排序:1,2,3,4,5,6,7,8,9,10,11,12

⑥第二次调出动物。第二个随机数字的余数为0,将第二次排序为12(动物编号为26)的动物调出。

⑦动物第三次排序。由于调出的第二头动物为第二次排序的最后序号,所以动物第三次排序的序号与第二次的相同。

⑧第三次调出动物。第三个随机数字的余数为5,所以将第三次排序为5(动物编号为11)的动物调出。

将调出的三头动物放入第3组,这样两个组的供试动物数均为10,每个组10只肉兔。

第1组动物编号:1,7,8,10,19,24,25,28,29,30

第2组动物编号:2,4,5,9,12,14,16,20,22,23

第3组动物编号:3,6,11,13,15,17,18,21,26,27

最后将试验三个处理随机实施在三组的试验单位上。将第1组动物、第2组动物、第3组动物第一次分别排序1,2,3,这里抄录的两个随机数字为71、22,甲饲料的随机数字71用3去除得余数为2,将甲饲料喂第2组动物。剩余的第1组动物、第3组动物第2次分别排序1,2,乙饲料的随机数字22用2去除得余数为0,将乙饲料喂第3组动物。那么,剩下的丙饲料喂第1组动物。

对30只肉兔进行饲养试验的完全随机设计结果见表8-2。

表8-2 两种饲料的完全随机设计结果

饲料	动物编号									
甲	2	4	5	9	12	14	16	20	22	23
乙	3	6	11	13	15	17	18	21	26	27
丙	1	7	8	10	19	24	25	28	29	30

(二)配对试验和随机单位组设计

当供试动物本身固有的初始条件存在差异,或者试验的环境条件存在差异时,进行完全随机试验就不能够保证各处理组的试验误差基本相同,就有可能使处理效应受到系统误差的影响而降低试验的准确性与精确性。为了消除试验单位或试验环境条件的不一致对试验结果的影响,正确地估计处理效应,减少系统误差,降低试验误差,提高试验的准确性与精确性,可以利用局部控制的原则,将局部的非试验因素控制为基本一致,这时需要采用随机单位组设计。将条件基本一致的试验单位组成一个单位组,单位组内的试验材料数等于处理数,然后在单位组内进行随机分配处理,一个试验设多个这样的单位组,采用随机单位组设计进行的试验称为随机单位组试验。如果一头动物为一个试验单位,则单位组内的供试动物数与处理数相等;如果多头动物为一个试验单位,单位组内的供试动物数与处理数不相等,而是单位组内的试验单位数等于处理数。试验需要重复几次,就需要设置几个单位组,也就是说,随机单位组试验的重复数与单位组数相同。

随机单位组设计要求同一单位组内各头(只)试验动物尽可能一致,不同单位组间的试验动物允许存在差异,但每一单位组内试验动物的随机分组要独立进行,每种处理在一个单位组内只能出现一次。对于一头动物为一个试验单位的情况,根据单位组的要求将动物组建单位组后再随机接受不同的处理。多头动物为一个试验单位按照多个处理完全随机分组方法对每个小组内的供试动物进行随机分组,组成 k 个试验单位,这 k 个试验单位即构成一个单位组。

具体步骤如下:

第一步,处理排序。将所有处理依次排序为 $1,2,\cdots,k$。

第二步,将动物组建单位组并编号。按单位组的要求将动物组成若干个单位组,每试验单位依次编号为 $1,2,3,\cdots$,每个单位组依次编号为 $I,II,III,\cdots$。

第三步,抄录随机数字。每个单位组内,除最大编号的试验单位不用抄录随机数字外,其余的每个试验单位对应抄录一个随机数字。即抄录 $k-1$ 个随机数字对应每个单位组内的 $k-1$ 个试验单位。可从随机数字表(附表I)中或从 Excel "RANDBETWEEN" 函数产生的随机数字中连续抄录随机数字。

第四步,计算随机数字的余数。每个单位组内,分别用 $k,k-1,k-2,\cdots,2$ 去除随机数字得到第一个随机数字的余数、第二个随机数字的余数、……、第 $k-1$ 个随机数字的余数。把为0的余数当成除数值对待。

第五步,分配处理抄录的随机数字的余数。将处理实施于各编号的试验单位。每个单位组内,第一个随机数字的余数为几,对第1个试验单位(单位组内编号最小的试验单位)实施排序为几的处理;第二个随机数字的余数为几,对第2个试验单位的供试动物实施余下处理中排序为几的处理,以此类推安排完所有的处理。余下的试验单位则实施余下的那个处理。

【例8-2】 为了比较不同形式的铜制剂和锌制剂对仔猪增重的影响,开展饲喂试验,采用3×2析因设计。A因素为不同形式的铜制剂3个水平分别为:添加酵母铜(A_1)、柠檬酸铜(A_2)、酸铜(A_3).B因素两个水平分别为添加乳酸锌(B_1)、添加硫酸锌(B_2)。以猪场24日龄左右断奶仔猪为备选供试动物,选择30头仔猪进行育肥试验,初始体重6.7±1.2kg,请按体重接近原则,进行随机单位组设计。

解:第一步,处理排序。将处理A_1B_1、A_1B_2、A_2B_1、A_2B_2、A_3B_1、A_3B_2依次排序为1,2,3,4,5,6,列于表8-3。

表8-3 不同矿物质添加的3×2析因设计的六个处理排序表

处理排序	1	2	3	4	5	6
水平组合	A_1B_1	A_1B_2	A_2B_1	A_2B_2	A_3B_1	A_3B_2

第二步,将动物组建单位组并编号。将30头仔猪按体重顺序依次编号为1,2,…,30,并将体重最接近的6头动物组建单位组,即将1~6号、7~12号、13~18号、19~24号、25~30号分别组成单位组,依次编号为Ⅰ,Ⅱ,Ⅲ,Ⅳ,Ⅴ。

表8-4 不同矿物质添加对仔猪增重的影响的3×2析因试验的随机单位组设计

单位组号	Ⅰ						Ⅱ					
动物编号	1	2	3	4	5	6	7	8	9	10	11	12
随机数字	44	84	82	50	43	—	40	96	88	33	50	—
除数	6	5	4	3	2	—	6	5	4	3	2	—
余数	2	4	2	2	1	—	4	1	0	0	0	—
处理	A_1B_2	A_3B_1	A_2B_1	A_2B_2	A_1B_1	A_3B_2	A_2B_2	A_1B_1	A_3B_1	A_3B_2	A_2B_1	A_1B_2
单位组号	Ⅲ						Ⅳ					
动物编号	13	14	15	16	17	18	19	20	21	22	23	24
随机数字	55	59	48	66	68	—	83	06	33	42	96	—
除数	6	5	4	3	2	—	6	5	4	3	2	—
余数	1	4	0	0	0	—	5	1	1	0	0	—
处理	A_1B_1	A_3B_1	A_3B_2	A_2B_2	A_2B_1	A_1B_2	A_3B_1	A_1B_1	A_1B_2	A_3B_2	A_2B_1	A_2B_2
单位组号	Ⅴ											
动物编号	25	26	27	28	29	30						
随机数字	64	75	33	97	15	—						
除数	6	5	4	3	2	—						
余数	4	0	1	1	1	—						
处理	A_2B_2	A_3B_2	A_1B_1	A_1B_2	A_2B_1	A_3B_1						

第三步,抄录随机数字这里从Excel"RANDBETWEEN(0,99)"产生的随机数字抄录。每个单位组内,除最大编号的动物不用抄录随机数字外,其余的每头动物对应抄录一个随机数字。即每个单位组内抄录k-1=6-1=5个随机数字对应5头仔猪。列于表8-4的第三行。

第四步,计算随机数字的余数每个单位组内,分别用6、5、4、3、2去除抄录的五个随机数字得到各余数。把余数为0当成余数为除数值对待。列于表8-4的第五行。

第五步,分配处理根据随机数字的余数将处理实施于各编号的动物。这里以第一个单位组为例说明。第一个随机数字的余数为2,1号供试动物实施排序为2的处理,即表8.3的水平组合A_1B_2;第二个随机数字的余数为4,2号供试动物实施余下5个处理中排序为4的处理,即表8.3的水平组合A_3B_1;第三个随机数字的余数为2,3号供试动物实施余下4个处理中排序为2的处理,即表8.3的水平组合A_2B_1;第四个随机数字的余数为2,4号供试动物实施余下3个处理中排序为2的处理,即表8.3的水平组合A_2B_2;第五个随机数字的余数为1,5号供试动物实施余下2个处理中排序为1的处理,即表8.3的水平组合A_1B_1;余下的6号供试动物则实施余下的处理,即表8-3的水平组合A_3B_2。照此安排其余各单位组的处理。列于表8-4的第六行。

将不同矿物质的添加对仔猪增重的影响的比较试验的随机单位组设计结果列于表8-5。

表8-5　不同矿物质的添加对仔猪增重的影响仔猪铜和锌添加的随机单位组设计结果

处理	单位组				
	I	II	III	IV	V
A_1B_1	5	8	13	20	27
A_1B_2	1	12	18	21	28
A_2B_1	3	11	17	24	29
A_2B_2	4	7	16	23	25
A_3B_1	2	10	14	19	30
A_3B_2	6	9	15	22	26

注:表中数字为动物编号。

(三)拉丁方设计试验方法与步骤

在畜牧试验中,当供试动物本身固有的初始条件存在差异,且影响试验结果的非试验因素为一个时,可以进行随机单位组设计,将该非试验因素引起的变异从试验误差中分离出。如果影响试验结果的非试验因素有两个时,如供试动物体重有差异,且需要在不同圈舍中进行试验,供试动物体重差异和不同圈舍都会引起系统误差,进行试验时,需要将来自这两个方面的系统误差从试验误差中分离出来,以突出处理效应,可以采用拉丁方设计。拉丁方设计(Latin Square Design)是采用拉丁方的横行和直列分别安排两个非试验因素,拉丁方的字母随机安排处理的一种试验设计方法。是从横行和直列两个方向进行双重局部控制,使得横行和直列两向皆成单位组,比随机单位组设计多一个方向的单位组设计。在拉丁方设计中,每一行或每一列都成为一个完全单位组,而每一处理在每一行或每一列都只出现一次,也就是说,在拉丁方设计中,试验处理数=横行单位组数=直列单位组数=试验处理的重复数。在对拉丁方设计试验结果进行统计分析时,由于能将横行单位组间变异、直列单位组间变异从试验误差中分离出来,因而拉丁方设计的试验误差比随机单位组设计小,试验精确性比随机单位组设计高。

在畜牧试验中,最常用的有3×3,4×4,5×5,6×6拉丁方。下面列出部分标准型拉丁方,供进行拉丁方设计时选用。其余拉丁方可查阅数理统计表及有关参考书,也可根据拉丁方的定义自己列出所需要的 $n×n$ 拉丁方。

3×3拉丁方

```
A B C
B C A
C A B
```

4×4拉丁方

(1)
```
A B C D
B A D C
C D B A
D C A B
```

(2)
```
A B C D
B C D A
C D A B
D A B C
```

(3)
```
A B C D
B D A C
C A D B
D C B A
```

(4)
```
A B C D
B A D C
C D A B
D C B A
```

5×5拉丁方

(1)
```
A B C D E
B A E C D
C D A E B
D E B A C
E C D B A
```

(2)
```
A B C D E
B A D E C
C E B A D
D C E B A
E D A C B
```

(3)
```
A B C D E
B A E C D
C E D A B
D C B E A
E D A B C
```

(4)
```
A B C D E
B A D E C
C D E A B
D E B C A
E C A B D
```

6×6拉丁方

(1)
```
A B C D E F
B A D C F E
C D E F A B
D C F E B A
E F A B C D
F E B A D C
```

(2)
```
A B C D E F
B F D C A E
C D E F B A
D A F E C B
E C A B F D
F E B A D C
```

(3)
```
A B C D E F
B C D F A E
C F E A B D
D E F B C A
E D A C F B
F A B E D C
```

进行拉丁方试验,可以控制来自两个方面的系统误差,试验的精确性高。但是,拉丁方设计要求横行单位组数、直列单位组数、试验处理数与试验处理的重复数必须相等。若处理数少,则重复数也少,估计试验误差的自由度就小,影响检验的灵敏度;若处理数多,则重复数也多,横行、直列单位组数也多,导致试验工作量大,且同一单位组内试验动物的初始条件亦难控制一致。因此,拉丁方设计一般用于5~8个处理的试验。在采用4个以下处理的拉丁方设计时,为了使估计误差的自由度不少于12,可重复进行拉丁方试验,即同一个拉丁方试验重复进行数次,并将试验数据合并分析,以增加误差项的自由度。另外,如果横行单位组的非试验因素或直列单位组的非试验因素与试验因素间存在交互作用,则不能采用拉丁方设计。

拉丁方分为标准型拉丁方和非标准型拉丁方,如果选择的是标准型拉丁方,就需要将其随机化才能用来安排试验,即对拉丁方的字母排列顺序进行随机化处理,也即是随机排列拉丁方的横行和直列。如果是非标准型拉丁方,则不需要进行拉丁方的随机化处理。

拉丁方设计的基本步骤包括:

第一步,选择合适的拉丁方表;

第二步,直列随机排列;

第三步,横行随机排列;

第四步,处理随机分配。

下面以例8-3为例来说明拉丁方设计的具体步骤。

【例8-3】某科研机构开展蛋白质来源对瘤胃细菌和原虫群体结构的影响。研究以羽毛粉(A_1)、玉米蛋白粉(A_2)豆粕(A_3)和鱼粉(A_4)4种蛋白补充料,试验使用4只瘘管山羊为试验动物,请做出试验设计。

解:这是个单因素试验,有四个水平,而只有4只试验动物,因此只有分四期完成,由于存在动物个体的差异及不同试验时期的非试验因素的差异,有鉴于此,分别以个体和试验时期作为单位组对试验误差进行控制,采用拉丁方设计。将4只山羊编号。

第一步,选择拉丁方

处理数为4,从所有4×4拉丁方中随机选择一种,列出拉丁方的行编号、列编号,行编号表示四头山羊,列编号表示四个不同时期实施试验。这里选择下列标准型拉丁方。

	1	2	3	4
1	A	B	C	D
2	B	C	D	A
3	C	D	A	B
4	D	A	B	C

第二步，直列随机排列

(1)抄录随机数字。抄录4个一位随机数字，舍去"0"、"4以上的数"和重复出现的数，这里抄录的为4213。

(2)直列重排。按照4213的顺序，将选定的4×4拉丁方的直列进行重新排列。

	4	2	1	3
1	D	B	A	C
2	A	C	B	D
3	B	D	C	A
4	C	A	D	B

第三步，横行随机排列

(1)抄录随机数字。抄录4个一位随机数字，舍去"0"、"4以上的数"和重复出现的数，这里抄录的为3412。

(2)横行重排。按照3412的顺序，将直列已随机排列的4×4拉丁方的横行进行重新排列。

	4	2	1	3
3	B	D	C	A
4	C	A	D	B
1	D	B	A	C
2	A	C	B	D

第四步，处理随机分配

(1)处理排序。将羽毛粉、玉米蛋白粉、豆粕和鱼粉4种蛋白补充料，分别用A_1、A_2、A_3、A_4表示，四个处理排序为1,2,3,4。

(2)抄录随机数字。抄录4个一位随机数字，舍去"0"、"5以上的数"和重复出现的数，这里抄录的为3412。

(3)处理分配。按照3412的顺序，将已经随机化的拉丁方中的字母安排处理。即拉丁方中的字母A、B、C、D分别安排排序为3412的处理，如字母A安排A_3处理(豆粕)，字母B安排A_4处理(鱼粉)，字母C安排A_1处理(羽毛粉)，字母D安排A_2处理(玉米蛋白粉)。

(4)将拉丁方中的字母用处理名称替代，得到：

	4	2	1	3
3	A_4	A_2	A_1	A_3
4	A_1	A_3	A_2	A_4
1	A_2	A_4	A_3	A_1
2	A_3	A_1	A_4	A_2

(5)将设计结果整理,可得到表8-6。

表8-6 蛋白质来源对瘤胃细菌和原虫群体结构的影响的拉丁方设计结果

山羊个体号	试验时期			
	一	二	三	四
Ⅰ	A_4	A_2	A_1	A_3
Ⅱ	A_1	A_3	A_2	A_4
Ⅲ	A_2	A_4	A_3	A_1
Ⅳ	A_3	A_1	A_4	A_2

(四)正交设计试验方法与步骤

在畜牧生产实践中,筛选饲料新配方、培育畜禽新品种、研发新兽药等,都需要进行动物试验。而影响动物试验的因素有很多,如动物个体差异、饲养管理、因素水平差异等,在试验设计时就需要同时考查这些因素,分析出各因素对试验指标的影响规律,从而得到更真实准确的结果。但随着试验因素和水平的增加,不但处理数目急剧增加,而且还需考虑各因素间的交互效应,这些给试验带来很大困难。如5因素5水平试验,则需5^5=3125个水平组合。要实施这么多次试验,不仅场地、经费受限制,而且要获得足够数量满足试验要求的试验动物(尤其是单胎试验动物)几乎不现实,还要花相当长的时间,显然是非常困难的。人们想到了从完全试验中选取部分水平组合进行试验。这部分试验要较好地反映全部试验的整体情况,所得到的结果与完全试验很接近,这样既缩小了试验规模,又不使信息损失过多,正交试验设计就是这样一种试验设计方法。正交设计是利用正交表来安排与分析多因素试验的一种设计方法。它利用从试验的全部水平组合中,挑选部分有代表性的水平组合进行试验,通过对这部分试验结果的分析了解全面试验的情况,找出最优的水平组合。

当进行多因素多水平的试验设计时,需要用部分试验来代替全面试验,通过对部分试验结果的分析,了解全面试验的情况,特别是试验的目的主要是寻求最优水平组合,可采用正交试验设计。但同时需满足以下条件:所选用的正交表要能足够安排所有的因素,并留有空列估计误差,如果要考察交互效应,还应该有足够列安排因素间的互作;如果需要采用方差分析对正交试验数据进行统计分析,那么,正交设计试验的观测值需满足方差分析模型的要求,或者能转换成满足方差分析模型要求的数据类型;正交设计的试验次数是因素水平数平方的整数倍,因此正交设计用于水平数≤5的试验比较合适,否则试验处理太多,实施起来很困难。

【例8-4】某肉仔鸡饲料配方饲喂仔鸡后出现维生素缺乏症,为查找缺乏的维生素种类开展核黄素、硫胺素、吡哆醇三种维生素对仔鸡生产性能的试验。每个因素都有3个水平,试安排一个正交试验方案。

解:第一步,确定因素和水平

根据试验目的确定了核黄素(A因素)、硫胺素(B因素)、吡哆醇(C因素)三个因素,确定了每个因素的3个水平,因素水平表见表8-7。

表8-7　维生素对仔鸡生产性能影响筛选试验的因素水平表　　单位:mg·kg^{-1}

水平	因素		
	核黄素(A因素)	硫胺素(B因素)	吡哆醇(C因素)
1	3.0(A_1)	3.0(B_1)	4.0(C_1)
2	5.0(A_2)	4.0(B_2)	6.0(C_2)
3	7.0(A_3)	5.0(B_3)	8.0(C_3)

第二步,选用合适的正交表

确定了因素及其水平后,当不考虑交互效应时,只需要根据因素数和水平数来选择合适的正交表。选用正交表的原则是,既要能安排下试验的全部因素,又要使部分水平组合数(处理数)尽可能地少。一般情况下,水平数为正交表中的最大数,也即是正交表记号的括号中的底数;因素的个数应不大于正交表的列数;各因素的自由度之和要小于所选正交表的总自由度,以便估计试验误差。若各因素的自由度之和等于所选正交表总自由度,则需采用有重复正交试验来估计试验误差。

根据表8-7可知,维生素对仔鸡生产性能影响筛选试验的因素水平表有3个3水平因素,若不考察交互效应,则各因素自由度之和为因素数×(水平数-1)=3(3-1)=6,小于正交表$L_9(3^4)$总自由度9-1=8,故选用$L_9(3^4)$。

第三步,表头设计

正交表选好后,就可以进行表头设计。所谓表头设计,就是把挑选出的因素和要考察的交互效应分别排入正交表的表头适当的列上。在时,各因素可随机安排在各列上。本例不考察交互效应,核黄素(A因素)、硫胺素(B因素)、吡哆醇(C因素)随机安排在$L_9(3^4)$的第1,2,3列上,第4列为空列,见表8-8。

表8-8　维生素对仔鸡生产性能影响筛选试验的表头设计

列号	1	2	3	4
因素	A	B	C	空

第四步,列出试验方案

把正交表中安排各因素的每个列中的每个数字依次换成该因素的实际水平,就得到一个正交试验方案,见表8-9。

根据表8-9,1号试验处理是$A_1B_1C_1$,即分别添加核黄素 3 mg/kg、硫胺素 3 mg/kg、吡哆醇 4 mg/kg;2号试验处理是$A_1B_2C_2$,即分别添加核黄素 3 mg/kg、硫胺素 4 mg/kg、吡哆醇 6 mg/kg;……;9号试验处理为$A_3B_3C_2$,即分别添加核黄素 7 mg/kg、硫胺素 5 mg/kg、吡哆醇 6 mg/kg。按照此方案,进行维生素对仔鸡生产性能影响筛选试验。

表8-9　维生素对仔鸡生产性能影响筛选试验的正交试验方案　　　　单位:mg·kg^{-1}

处理	核黄素(A因素) 1	硫胺素(B因素) 2	吡哆醇(C因素) 3
1	A_1(3.0)	B_1(3.0)	C_1(4.0)
2	A_1(3.0)	B_2(4.0)	C_2(6.0)
3	A_1(3.0)	B_3(5.0)	C_3(8.0)
4	A_2(5.0)	B_1(3.0)	C_2(6.0)
5	A_2(5.0)	B_2(4.0)	C_3(8.0)
6	A_2(5.0)	B_3(5.0)	C_1(4.0)
7	A_3(7.0)	B_1(3.0)	C_3(8.0)
8	A_3(7.0)	B_2(4.0)	C_1(4.0)
9	A_3(7.0)	B_3(5.0)	C_2(6.0)

三、实训的资料

在研究对虾饲养中微量元素的作用。对饲料的钙、磷、锌三种微量元素的添加量进行筛选。每种微量元素选择3种水平开展饲养试验,在不考虑交互作用的情况下,试对该研究提供一个合理的试验方案。

附录一 常用生物统计方法的Excel操作流程

Microsoft Office办公系列软件中的Excel软件不仅是人们生活中常用的办公工具，它还具有强大的数据分析功能，常见动物科学类试验和生产实际中的数据分析都可以利用Excel来解决。

一、统计相关函数介绍

（一）粘贴函数

Excel提供的常用的统计分析函数如下表1，版本标记指示引入函数的Excel版本，这些函数在更早的版本中不可用。例如，版本标记2013表示此函数在Excel 2013和所有更高版本中可用。

表1　Excel常用统计分析函数

函数（版本标记）	说明
AVEDEV	返回数据点与它们的平均值的绝对偏差平均值
AVERAGE	返回其参数的平均值
AVERAGEA	返回其参数的平均值，包括数字、文本和逻辑值
AVERAGEIF	返回区域中满足给定条件的所有单元格的平均值（算术平均值）
AVERAGEIFS	返回满足多个条件的所有单元格的平均值（算术平均值）
BETA.DIST（2010）	返回beta累积分布函数
BETA.INV（2010）	返回指定beta分布的累积分布函数的反函数
BINOM.DIST（2010）	返回一元二项式分布的概率
BINOM.DIST.RANGE（2013）	使用二项式分布返回试验结果的概率
BINOM.INV（2010）	返回使累积二项式分布小于或等于临界值的最小值
CHISQ.DIST（2010）	返回累积beta概率密度函数
CHISQ.DIST.RT（2010）	返回χ^2分布的单尾概率
CHISQ.INV（2010）	返回累积beta概率密度函数

(续表)

函数(版本标记)	说明
CHISQ.INV.RT（2010）	返回 χ^2 分布的单尾概率的反函数
CHISQ.TEST（2010）	返回独立性检验值
CONFIDENCE.NORM（2010）	返回总体平均值的置信区间
CONFIDENCE.T（2010）	返回总体平均值的置信区间(使用学生 t-分布)
CORREL	返回两个数据集之间的相关系数
COUNT	计算参数列表中数字的个数
COUNTA	计算参数列表中值的个数
COUNTBLANK	计算区域内空白单元格的数量
COUNTIF	计算区域内符合给定条件的单元格的数量
COUNTIFS	计算区域内符合多个条件的单元格的数量
COVARIANCE.P（2010）	返回协方差(成对偏差乘积的平均值)
COVARIANCE.S（2010）	返回样本协方差,即两个数据集中每对数据点的偏差乘积的平均值
DEVSQ	返回偏差的平方和
EXPON.DIST（2010）	返回指数分布
F.DIST（2010）	返回 F 概率分布
F.DIST.RT（2010）	返回 F 概率分布
F.INV（2010）	返回 F 概率分布的反函数
F.INV.RT（2010）	返回 F 概率分布的反函数
F.TEST（2010）	返回 F 检验的结果
FISHER	返回 Fisher 变换值
FISHERINV	返回 Fisher 变换的反函数
FORECAST	返回线性趋势值
FORECAST.ETS（2016）	通过使用指数平滑（ETS）算法的 AAA 版本,返回基于现有(历史)值的未来值
FORECAST.ETS.CONFINT（2016）	返回指定目标日期预测值的置信区间
FORECAST.ETS.SEASONALITY（2016）	返回 Excel 针对指定时间系列检测到的重复模式的长度
FORECAST ETS.STAT（2016）	返回作为时间序列预测的结果的统计值。
FORECAST.LINEAR（2016）	返回基于现有值的未来值
FREQUENCY	以垂直数组的形式返回频率分布
GAMMA（2013）	返回 γ 函数值

（续表）

函数（版本标记）	说明
GAMMA.DIST（2010）	返回 γ 分布
GAMMA.INV（2010）	返回 γ 累积分布函数的反函数
GAMMALN	返回 γ 函数的自然对数，Γ(x)
GAMMALN.PRECISE（2010）	返回 γ 函数的自然对数，Γ(x)
GAUSS（2013）	返回小于标准正态累积分布 0.5 的值
GEOMEAN	返回几何平均值
GROWTH	返回指数趋势值
HARMEAN	返回调和平均值
HYPGEOM.DIST	返回超几何分布
INTERCEPT	返回线性回归线的截距
KURT	返回数据集的峰值
LARGE	返回数据集中第 k 个最大值
LINEST	返回线性趋势的参数
LOGEST	返回指数趋势的参数
LOGNORM.DIST（2010）	返回对数累积分布函数
LOGNORM.INV（2010）	返回对数累积分布的反函数
MAX	返回参数列表中的最大值
MAXA	返回参数列表中的最大值，包括数字、文本和逻辑值
MAXIFS（2016）	返回一组给定条件或标准指定的单元格之间的最大值
MEDIAN	返回给定数值集合的中值
MIN	返回参数列表中的最小值
MINIFS（2016）	返回指定的一组给定条件的单元格之间的最小值。
MINA	返回参数列表中的最小值，包括数字、文本和逻辑值
MODE.MULT（2010）	返回一组数据或数据区域中出现频率最高或重复出现的数值的垂直数组
MODE.SNGL（2010）	返回在数据集内出现次数最多的值
NEGBINOM.DIST（2010）	返回负二项式分布
NORM.DIST（2010）	返回正态累积分布
NORM.INV（2010）	返回正态累积分布的反函数
NORM.S.DIST（2010）	返回标准正态累积分布
NORM.S.INV（2010）	返回标准正态累积分布函数的反函数
PEARSON	返回 Pearson 乘积矩相关系数
PERCENTILE.EXC（2010）	返回区域中数值的第 k 个百分点的值，其中 k 为 0 到 1 之间的值，不包含 0 和 1。

(续表)

函数(版本标记)	说明
PERCENTILE.INC（2010）	返回区域中数值的第 k 个百分点的值
PERCENTRANK.EXC（2010）	将某个数值在数据集中的排位作为数据集的百分点值返回,此处的百分点值的范围为 0 到 1(不含 0 和 1)
PERCENTRANK.INC（2010）	返回数据集中值的百分比排位
PERMUT	返回给定数目对象的排列数
PERMUTATIONA（2013）	返回可从总计对象中选择的给定数目对象(含重复)的排列数
PHI（2013）	返回标准正态分布的密度函数值
POISSON.DIST（2010）	返回泊松分布
PROB	返回区域中的数值落在指定区间内的概率
QUARTILE.EXC（2010）	基于百分点值返回数据集的四分位,此处的百分点值的范围为 0 到 1(不含 0 和 1)
QUARTILE.INC（2010）	返回一组数据的四分位点
RANK.AVG（2010）	返回一列数字的数字排位
RANK.EQ（2010）	返回一列数字的数字排位
RSQ	返回 Pearson 乘积矩相关系数的平方
SKEW	返回分布的不对称度
SKEW.P（2013）	返回一个分布的不对称性:用来体现某一分布相对其平均值的不对称程度
SLOPE	返回线性回归线的斜率
SMALL	返回数据集中的第 k 个最小值
STANDARDIZE	返回正态化数值
STDEV.P（2010）	基于整个样本总体计算标准偏差
STDEV.S（2010）	基于样本估算标准偏差
STDEVA	基于样本(包括数字、文本和逻辑值)估算标准偏差
STDEVPA	基于样本总体(包括数字、文本和逻辑值)计算标准偏差
STEYX	返回通过线性回归法预测每个 x 的 y 值时所产生的标准误差
T.DIST（2010）	返回学生 t-分布的百分点(概率)
T.DIST.2T（2010）	返回学生 t-分布的百分点(概率)
T.DIST.RT（2010）	返回学生 t-分布
T.INV（2010）	返回作为概率和自由度函数的学生 t 分布的 t 值
T.INV.2T（2010）	返回学生 t-分布的反函数
T.TEST（2010）	返回与学生 t-检验相关的概率
TREND	返回线性趋势值
TRIMMEAN	返回数据集的内部平均值
VAR.P（2010）	计算基于样本总体的方差

函数（版本标记）	说明
VAR.S（2010）	基于样本估算方差
VARA	基于样本（包括数字、文本和逻辑值）估算方差
VARPA	基于样本总体（包括数字、文本和逻辑值）计算标准偏差
WEIBULL.DIST（2010）	返回 Weibull 分布
Z.TEST（2010）	返回 z 检验的单尾概率值

（二）数据分析工具

Excel 提供数据分析功能模块的主要功能见表2。

表2 数据分析模块功能及说明

项目	说明
方差分析：单因素方差分析	对两个或多个样本均值进行相等性的假设检验，来判断样本是否来自同样均值的总体
方差分析：无重复双因素方差分析	对处理只有一个观察值两个因素资料的两个或多个样本均值进行相等性的假设检验，来判断样本是否来自同样均值的总体
方差分析：可重复双因素方差分析	对处理有两个及以上观察值两个因素资料的两个或多个样本均值进行相等性的假设检验，来判断样本是否来自同样均值的总体
相关系数	"相关系数"分析工具用来检验每对测量值变量，以便确定两个测量值变量是否趋向于同时变动。即，一个变量的较大值是否趋向于与另一个变量的较大值相关联（正相关）；或者一个变量的较小值是否趋向于与另一个变量的较大值相关联（负相关）；或者两个变量的值趋向于互不关联（相关系数近似于零）
协方差	用于返回各数据点的一对均值偏差之间的乘积的平均值。协方差是测量两组数据相关性的量度。可以使用协方差工具来确定两个区域中数据的变化是否相关。
描述统计	"描述统计"分析工具用于生成数据源区域中数据的单变量统计分析报表，提供有关数据趋中性和易变性的信息。
指数平滑	"指数平滑"分析工具根据前期预测导出新预测值，并修正前期预测值的误差。此工具使用平滑常数 a，其大小决定了本次预测对前期预测误差的反馈程度。
F-检验双样本方差检验	F-检验双样本方差"分析工具通过双样本 F-检验对两个样本总体的方差进行比较。
傅立叶分析	傅立叶分析"分析工具可以解决线性系统问题，并通过使用快速傅立叶变换（FFT）方法转换数据来分析周期性数据。
直方图	"直方图"分析工具可计算数据单元格区域和数据接收区间的单个和累积频率。此工具可用于统计数据集中某个数值出现的次数。

(续表)

项目	说明
移动平均	"移动平均"分析工具可以基于特定的过去几个时期中变量的平均值,设计预测期间的值。移动平均值提供了由所有历史数据的简单平均值所代表的趋势信息。
随机数发生器	"随机数发生器"分析工具可用几个分布中的一个产生的独立随机数字来填充某个区域。可以通过概率分布来表示样本总体中的主体特征。
排位与百分比排位	"排位与百分比排位"分析工具可以产生一个数据表,在其中包含数据集中各个数值的顺序排位和百分比排位。该工具用来分析数据集中各数值间的相对位置关系。
回归	回归分析工具通过对一组观察值使用"最小二乘法"直线拟合来执行线性回归分析。本工具可用来分析单个因变量是如何受一个或多个自变量影响的。
抽样	抽样分析工具以数据源区域为样本总体,并为此样本总体创建一个样本。当总体太大而不能进行处理或绘制时,可以选用具有代表性的样本。如果确认数据源区域中的数据是周期性的,还可创建一个样本,其中仅包含一个周期中特定时间段的数值。
t-检验:平均值的成对二样本分析	当样本中存在自然配对的观察值时(例如,对一个样本组在实验前后进行了两次检验),可以使用此成对检验。此分析工具及其公式可以进行成对双样本学生的t-检验,以确定取自处理前后的观察值是否来自具有相同总体平均值的分布。
t-检验:双样本等方差假设	本分析工具可进行双样本学生t-检验。此t-检验窗体先假设两个数据集取自具有相同方差的分布。故也称作同方差t-检验。可以使用此t-检验来确定两个样本是否可能来自具有相同总体平均值的分布。
t-检验:双样本异方差假设	本分析工具可进行双样本学生 t-检验。此 t-检验窗体先假设两个数据集取自具有不同方差的分布。故也称作异方差 t-检验。
z-检验:双样本均值差检验	"z-检验:双样本平均值"分析工具可对具有已知方差的双样本平均值进行 z-检验。此工具用于检验两个总体平均值之间不存在差异的零假设,而不是单方或双方的备择假设。如果方差未知,则应该使用工作表函数

二、Excel在生物统计学分析中的运用

生物统计中统计分析功能可以通过Excel的分析工具库宏来实现,首次使用分析工具库都需要先加载和激活。打开任意Excel文件,单击"文件"选项卡,单击"选项",选择"加载项",然后在"管理"框中,选择"Excel加载项"再单击"转到",会跳出如图1所示的对话框,在"加载项"框中,选中"分析工具库"复选框,然后单击"确定"。加载成功后在菜单栏的数据项里面找到数据分析工具。

如果"可用加载宏"框中未列出"分析工具库",请单击"浏览"以找到它;如果系统提示计算机当前未安装分析工具库,请单击"是"进行安装。

用Excel软件进行数据统计分析的基本步骤:

第一步,将数据及数据信息输入工作表中的相应单元格内;

第二步,在菜单栏中"数据"选项卡上单击"数据分析";

第三步,在数据分析列表框中选择准备使用的分析选项;

第四步,在选择的分析选项对话框中,选择相应的输入区域的数据和输出结果的区域,并选择所需要的分析选项,单击"确定"后,即可得到分析结果。

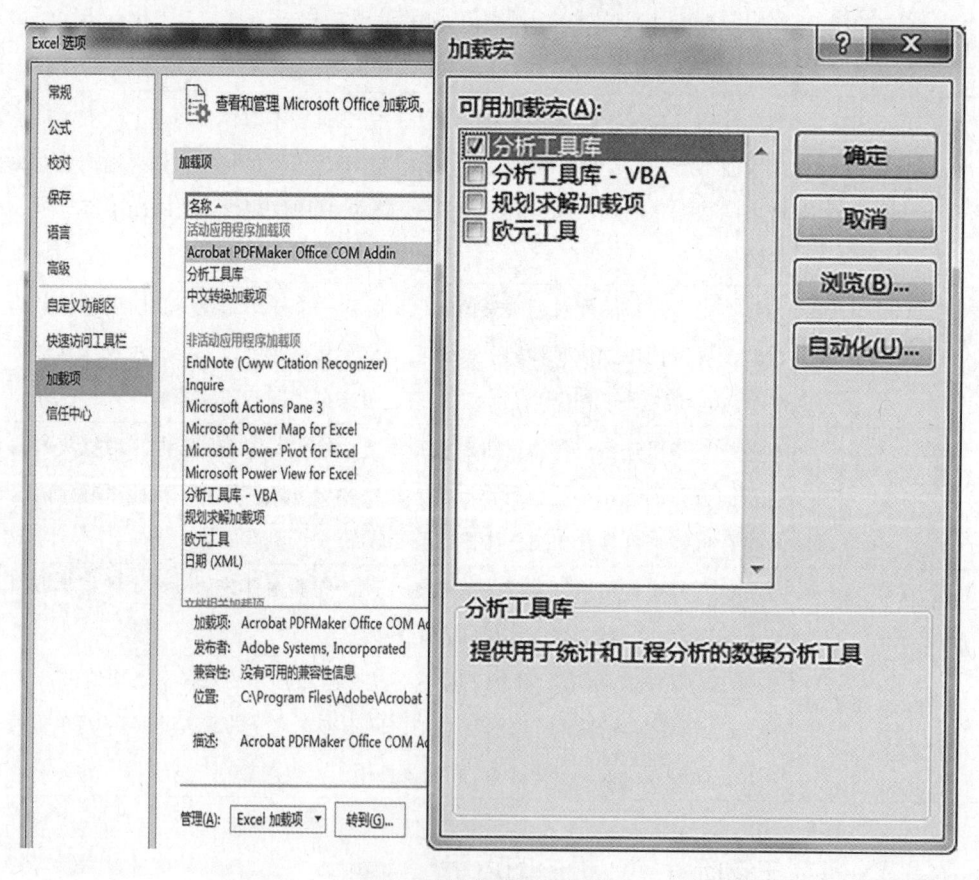

图1 数据分析工具加载

(一)常用统计量的计算

【例1】调查某猪场仔猪的出生重,随机抽取了3头母猪所产的32头仔猪,测定的其出生体重结果如下:1.7,1.0,1.5,1.3,1.0,1.3,1.0,1.4,1.2,0.9,1.1,1.1,1.9,1.3,1.4,1.9,1.1,1.2,0.9,1.3,1.6,1.8,1.2,1.3,1.2 ,1.6 ,1.8 ,1.6 , 1.0 ,1.1 ,1.8 ,0.7。试计算该资料的平均数、方差、标准差和标准误。

解:1.输入数据

将数据输入Excel中,见图2。

2.选择"描述统计"方法

第一步,从数据菜单中选定"数据分析";

第二步,从"数据分析"对话框中选定"描述统计";

第三步,按"确定"进入描述统计对话框。

3.统计量的运算

从"描述统计"对话框中用鼠标点击输入区域,按照下列步骤操作:

第一步,用鼠标选中所需要数据,注意为方便观察结果将数据标题选中或直接输入数据所在区域B1:B33;

第二步,分组方式,原始数据在Excel表中占一列,因此,用鼠标点击选项中的"列",选择数据的时候我们选中了数据标题,勾选标志位于第一列;

第三步,选定输出结果中相应的选项,新工作表组、汇总统计、平均数置信度,按"确定",得到描述统计量的分析表见图2。

图2 描述统计

(二)常用概率分布的计算

用Excel电子表格中的粘贴函数可以计算已知变量范围的概率也可以计算在给定概率时的临界值。概率分布计算的粘贴函数一般都是由分布类型和计算类型的后缀构成，如果已知变量计算概率后缀为-DIST,已知概率计算临界值后缀为-INV。如,"NORMDIST"函数可计算正态分布的概率密度函数值或累计概率函数,其中"NORM"表示是正态分布,"DIST"表示已知变量分布求概率值,而粘贴函数"NORMINV"可计算符合正态分布在已知左尾概率时的临界值。

1. 二项分布概率计算

【例2】已知猪传染性胸膜肺炎死亡率一般为50%左右,现有20头病猪,如不给予治疗。问死亡8头的概率和死亡8头及8头以下的概率各为多少?

分析:病猪死亡头数服从二项分布,这两个概率可以用Excel中的BINOMDIST函数来计算。由题意可知,$p=0.5, n=20, x=8$。

(1)选择"BINOMDIST"函数按照下列步骤操作。

方法一:

在单元格中直接输入"= BINOMDIST( )"出现BINOMDIST函数对话框。

方法二:

第一步,在工作表中选定一个单元格,用于存放计算结果;

第二步,单击"插入"菜单,选择"f_x函数"条目,进入插入函数对话框;

第三步,在"或选择类别"复选框的下拉菜单中用鼠标点击(或选择)"统计";

第四步,在"选择函数"复选框中选择"BINOMDIST";

第五步,按"确定",出现BINOMDIST函数对话框。

(2)计算二项分布概率按照下列步骤操作:

第一步,在BINOMDIST函数对话框中,"Numbers"一栏中输入8,表示死亡8头;

第二步,在"trails"一栏中输入20,表示一共进行了20次独立试验,即有20头发病猪;

第三步,在"Probabilitys"一栏中输入0.5,表示病猪死亡率为0.5;

第四步,在"Cumulative"一栏中输入FALSE,计算死亡8头的概率,即$P(x=8)$的概率;如果在"Cumulative"一栏中输入TRUE,则计算死亡8头及8头以下的概率(包括死亡0头、1头、2头、…、8头的概率总和)即,$P(x\leqslant 8)$的概率;

第五步,按"确定"后即在选定的单元格中出现所需要的结果。

2. 正态分布概率计算

【例3】已知某品种的猪初生重x服从$\mu=1.30, \sigma^2=0.32^2$的正态分布,试求体重小于1 kg

的初生猪的比率$P(x<1.00)$。这个概率可以用Excel电子表格中的函数NORMDIST来计算。

(1)NORMDIST可以用来直接计算正态分布的左尾概率

① 选定"NORMDIST"函数按照下列步骤操作。

第一步,在工作表中选定一个单元格,用于存放计算结果;

第二步,单击"插入"菜单,选择"fx函数"条目,进入插入函数对话框;

第三步,在"或选择类别"复选框的下拉菜单中用鼠标单击(或选择)"统计";

第四步,在"选择函数"复选框中用鼠标单击(或选择)"NORMDIST";

第五步,按"确定",出现"NORMDIST"函数对话框。

当然也可以直接在单元格中输入"= NORMDIST"。

② 计算左尾概率按照下列步骤操作:

第一步,在"NORMDIST"函数对话框中的"X"一栏中输入1.00,表示X的取值为1.00;

第二步,在"Mean"一栏中输入1.30,表示猪出生重总体平均数为1.30 kg;

第三步,在Standard_dev一栏中输入0.32,表示总体标准差为0.32;

第四步,在"Cumulative"一栏中输入TRUE,表示计算累计概率,即计算$P(x<1)$;

第五步,用鼠标点击"确定"得到$P(x<1)$等于0.17。

(2)计算右尾概率

设x服从$\mu=30.26$,$\sigma^2=5.10^2$的正态分布,试求$P(x\geq32.98)$。

用Excel电子表格中的函数NORMDIST,按上述方法计算出左尾概率,然后用1减去左尾概率即得到右尾概率。如上面已计算出$P(x<32.98)=0.7031$,则:$P(x\geq32.98)=1-P(x<32.98)=1-0.7031=0.2969$。

(3)标准正态分布的概率计算

选择Excel的NORMSDIST函数。标准正态分布的左尾概率和右尾概率的计算方法同上。其总体平均数为0,总体标准差为1。选择Excel的NORMSDIST函数。可直接计算出标准正态离差u值的左尾概率。计算方法同上,只是在出现NORMSDIST函数对话框后,在对话框中的X一栏中输入u的取值,点击"确定"即得到u值的左尾概率。

(4)已知概率计算X的取值

【例4】已知猪血红蛋白含量x服从正态分布$N(12.86, 1.332)$,若$P(x<L1)=0.03$,求$L1$。可以用Excel电子表格中的函数"NORMINV"来计算。

① 按照下列步骤操作:

第一步,在工作表中选定一个单元格,用于存放计算结果;

第二步，单击"插入"菜单，选择"$f(x)$函数"条目，进入插入函数对话框；

第三步，在"或选择类别"复选框的下拉菜单中用鼠标单击(或选择)"统计"；

第四步，在"选择函数"复选框中用鼠标点击(或选择)"NORMINV"；

第五步，按"确定"后出现"NORMINV"函数对话框；

② 计算左尾概率。按照下列步骤操作：

第一步，在对话框中的"Probability"一栏中输入0.03，表示左尾概率为0.03；

第二步，在"Mean"一栏中输入12.86，表示总体平均数为12.86；

第三步，在"Standard_dev"一栏中输入1.33，表示总体标准差为1.33；

第四步，点击"确定"即得到L1=10.3585。

(5) 已知概率计算u的取值范围。

已知u服从$N(0,1)$，若$P(u<u_a)=0.05$，求u_a。

① 选定"NORMINV"函数，按照下列步骤操作：

第一步，在工作表中选定一个单元格，用于存放计算结果；

第二步，单击"插入"菜单，选择"$f(x)$函数"条目，进入插入函数对话框；

第三步，在"或选择类别"复选框中的下拉菜单中用鼠标单击(或选择)"统计"；

第四步，在"选择函数"复选框中用鼠标点击(或选择)"NORMINV"；

第五步，按"确定"后出现"NORMINV"函数对话框。

② 计算u_a按照下列步骤操作：

第一步，在对话框中的"Probability"一栏中输入0.05，表示左尾概率为0.05；

第二步，在"Mean"一栏中输入0，表示总体平均数为0；

第三步，在"Standard_dev"一栏中输入1，表示总体标准差为1；

第四步，点击"确定"即得到u= -1.64485。

3. t-分布的概率相关计算

Excel提供了2个与t-分布有关的函数，TDIST、TINV。TDIST函数计算在给定一个临界值时t-分布的单尾或双尾概率。TINV是TDIST的反函数，它计算给定两尾概率时t分布的临界值。

【例5】试计算自由度为20，临界值为2的t分布的二尾概率。

解：选定"TDIST"函数按照下列步骤操作：

第一步，在工作表中选定一个单元格，用于存放计算结果；

第二步，单击"插入"菜单，选择"fx函数"条目，进入插入函数对话框；

第三步，在"或选择类别"复选框的下拉菜单中用鼠标单击(或选择)"统计"；

第四步,在"选择函数"复选框中用鼠标单击(或选择)"TDIST";

第五步,按"确定",出现"TDIST"函数对话框。

当然也可以直接在单元格中输入"= TDIST( )"。

计算双尾概率按照下列步骤操作:

第一步,在"TDIST"函数对话框中的"X"一栏中输入2,表示临界值X的取值为2.00;

第二步,在"Deg-freedom"一栏中输入20,表示自由度为20;

第三步,在"Tails"一栏中输入可以输入1表示单尾,2表示双尾,本例中输入2表示是双尾;

第四步,用鼠标点击"确定"得到 P 等于0.059。

用TINV函数计算 t-分布的临界值的过程为:在单元格中输入"=TINV(probability, deg-freedom)"依次在括号内输入两尾概率值和自由度,即得临界值。例如,当两尾概率为0.05,自由度是20时,得临界值为2.086。

4. χ^2 分布

Excel也提供了多个与卡方概率分布有关的函数,在2007以前的版本CHIDIST、CHIINV。CHIDIST函数计算在给定某一个临界值时 χ^2 分布的右尾概率值。CHIINV是CHIDIST的反函数,它计算给定右尾概率时 χ^2 分布的临界值。而以后的版本则有CHISQ.DIST.RT计算在给定某一个临界值时 χ^2 分布的右尾概率值及其反函数CHI.SQ.INV.RT;CHISQ.DIST计算在给定某一个临界值时 χ^2 分布的左尾概率值及其反函数CHI.SQ.INV。

【例6】试计算自由度为5,临界值为11.0705的 χ^2 分布的右尾概率值。

解:选定"CHI.SQ.INV.RT"函数按照下列步骤操作:

第一步,在工作表中选定一个单元格,用于存放计算结果;

第二步,单击"插入"菜单,选择"fx 函数"条目,进入插入函数对话框;

第三步,在"或选择类别"复选框的下拉菜单中用鼠标单击(或选择)"统计";

第四步,在"选择函数"复选框中用鼠标单击(或选择)"CHI.SQ.INV.RT";

第五步,按"确定",出现"CHI.SQ.INV.RT"函数对话框;

当然也可以直接在单元格中输入"= CHI.SQ.INV.RT"。

计算右尾概率按照下列步骤操作:

第一步,在"CHI.SQ.INV.RT"函数对话框中的"X"一栏中输入11.0705,表示临界值X的取值为11.0705;

第二步,在"Deg-freedom"一栏中输入5,表示自由度为5;

第三步,用鼠标点击"确定"得到P等于0.05。

用 CHI.SQ.INV.RT 函数计算 χ^2 分布的临界值的过程为：在单元格中输入"=CHI.SQ.INV.RT（probability ,deg-freedom ）"依次在括号内输入两尾概率值和自由度,即得临界值,例如当两尾概率为0.05,自由度是5时,得临界值为11.0705。

5. F-分布

不同版本 Excel 也提供多个与 F-分布有关的函数,在2007以前的版本 FDIST、FINV。FDIST 函数计算在给定某一个临界值时 F-分布的右尾概率值。FIINV 是 FDIST 的反函数,它计算给定右尾概率时 F-分布的临界值。而以后的版本则有 F.DIST.RT 计算在给定某一个临界值时 F-分布的右尾概率值及其反函数 F.INV.RT; F.DIST 计算在给定某一个临界值时 F-分布的左尾概率值及其反函数 F.INV.

操作步骤,以 F.DIST.RT 为例。

选定"F.DIST.RT"函数按照下列步骤操作：

第一步,在工作表中选定一个单元格,用于存放计算结果；

第二步,单击"插入"菜单,选择"fx 函数"条目,进入插入函数对话框；

第三步,在"或选择类别"复选框的下拉菜单中用鼠标单击(或选择)"统计"；

第四步,在"选择函数"复选框中用鼠标单击(或选择)"F.DIST.RT"；

第五步,按"确定",出现"F.DIST.RT"函数对话框。

当然也可以直接在单元格中输入"= F.DIST.RTT"。

【例7】试计算分子自由度为5,分母自由度为10,F 值为2.3的右尾概率值。

解：第一步,在"F.DIST.RT"函数对话框中的"X"一栏中输入2.3,表示临界值 X 的取值为2.3；

第二步,在"Deg-freedom1"一栏中输入5,表示分子自由度为5,"Deg-freedom2"一栏中输入10,表示分母自由度为10；

第三步,用鼠标点击"确定"得到 P 等于0.1229。

用 F.INV.RT 函数计算 F-分布的临界值的过程为：在单元格中输入"=F.INV.RT（probability ,deg-freedom1,deg-freedom2）"依次在括号内输入两尾概率值和自由度,即得临界值。例如当右尾概率为0.05,分子自由度是5时,分母自由度为10时,得临界值为3.326。

(三)总体均数的假设检验

1. 非配对二样本平均值检验

非配对设计或成组设计是指当进行只有两个处理的试验时,将试验单位完全随机地分成两个组,然后对两组随机施加一个处理。这种设计获得的两个样本称为非配对样本。可以用Excel进行分析,单击Excel中数据菜单栏选择的"数据分析"选项,选择其中的"t-检验:双样本等方差假设"或"t-检验:双样本异方差假设"两种t-检验方法中的一种(具体选择哪一种t-检验方法,需要用"数据分析"中的"F-检验双样本方差"来判断,若F检验得到的单尾概率$P>0.05$,则表明两样本方差差异不显著,选择"t-检验:双样本等方差假设";反之,若$P<0.05$,则选择"t-检验:双样本异方差假设"方法。

【例8】实训二的案例:初情期日龄较早的母猪具有更好的繁殖性能,某猪场测定12头长白猪与12头大白猪母猪的初情期,结果见表3。设试检验二品种的初情期有无差异。

表3　长白猪和大白猪初情期统计　　　　　　　　　　　　　　　　　　　　　单位:d

品种	初情期
大白猪	192　200　184　168　194　184　191　162　172　180　188　198
长白猪	185　202　198　176　172　196　174　202　184　188　205　183

解:(1)输入数据,确定统计方法按照下列步骤操作:

第一步,将原始数据输入Excel中;

第二步,单击Excel中数据菜单栏的"数据分析"选项;

第三步,选择"数据分析"中的"F检验双样本方差";

第四步,按"确定",出现"F-检验双样本方差"对话框;

第五步,用鼠标单击"变量1区域"框,用鼠标选中(或输入)一个样本的数据区域;

第六步,用鼠标单击"变量2区域"框,用鼠标选中另一个样本的数据区域;

第七步,选择了分组标志就用鼠标点击"标志";

第八步,用鼠标点击输出区域,用鼠标选取空白的区域输出统计结果(见图3-1);

第九步,按"确定",得出F-检验双样本方差分析表,从该表中可得到$P= 0.46>0.05$;见图3-2。表明两样本方差差异不显著,选择"t-检验:双样本等方差假设"方法。

(2)选定"t-检验:双样本等方差假设"方法按照下列步骤操作:

第一步,单击Excel中数据菜单栏的"数据分析"选项;

第二步,从"数据分析"对话框中选定"t检验:双样本等方差假设"对话框;

第三步,按"确定",出现"t检验:双样本等方差假设"对话框。

(3)统计量的运算按照下列步骤操作:

第一步,在变量1的(1)区域中鼠标选取样本1所有的数据包括标志;

第二步,在变量2的(2)区域中鼠标选取样本1所有的数据包括标志;

第三步,在"假设平均差(E)"一栏,输0(即 $H_0:\mu_1-\mu_2=0$);

第四步,用鼠标点击输出区域,在"输出区域"框选择空白区域输出结果,如图3-3;

第五步,用鼠标点击"标志";

第六步,按"确定",得到统计结果图3-4。

3-1

3-2

3-3

3-4

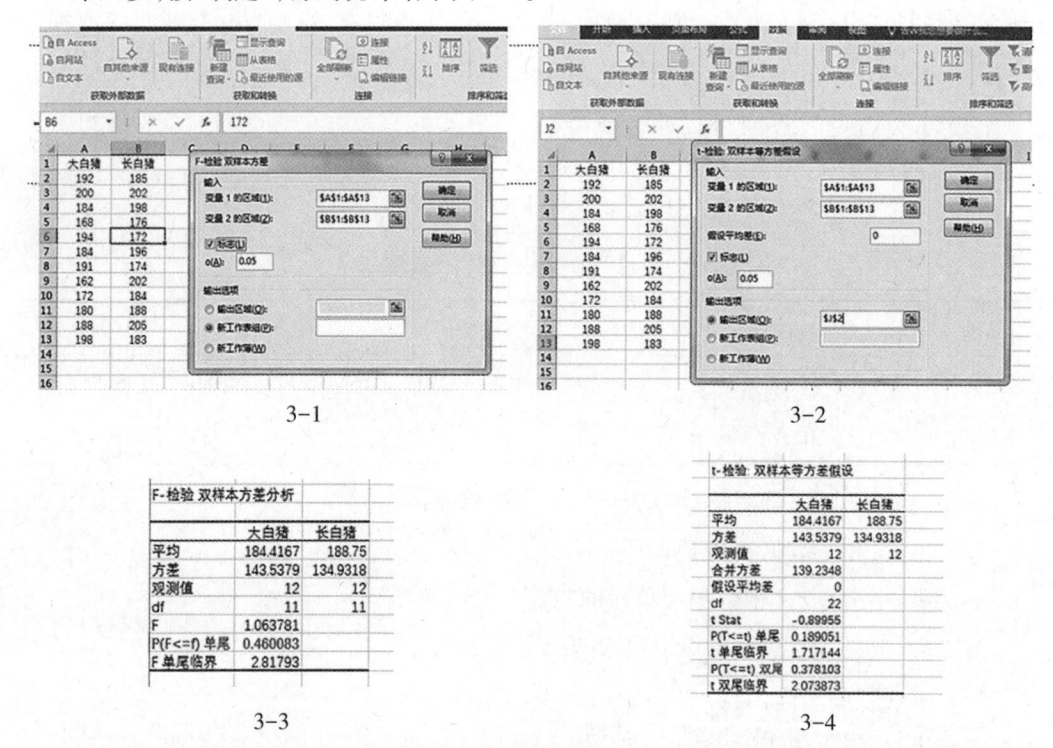

图3 非配对二样本 t-检验

2.两个配对样本平均数差异的显著性检验

配对设计是指根据配对的要求将初始条件基本一致的试验单位两两配对,然后将配成对子的两个试验单位随机地分配到两个处理组中,不同对子间试验单位的初始条件允许有差异。这样由配对设计获得的样本称为配对样本。若判断两样本为配对样本,首先对两样本所在的总体提出统计假设,其次,用Excel表中单击数据菜单栏选择"数据分析"选项中的"t-检验:平均值的成对二样本分析"方法,计算出 t-值以及无效假设正确的概率 P;最后,根据概率 P 作出统计推断。

【例9】活体测膘是现在广泛应用于动物育种的技术手段,现对市面上常见的两个不同品牌的 B 超(一个为进口品牌、另一个为国产品牌)的性能进行检测,选择10头体重约100 kg的长白后备种猪进行膘厚测定,获得的资料如下表4试检验两种仪器测定的结果有无显著差异?

表4 两个不同品牌的B超测定的10头猪背膘厚度

B超类型	背膘厚度/mm									
进口	22	30	17	27	22	25	18	33	30	31
国产	33	34	20	24	20	21	16	16	32	30

(1)输入原始数据将原始数据输入Excel表中。

(2)选择"t-检验:平均值的成对二样本分析"方法按照下列步骤操作

第一步,从数据菜单栏选择的"数据分析"选项,出现"数据分析"对话框;

第二步,选定"t-检验:平均值的成对二样本分析";

第三步,按"确定",进入"t-检验:平均值的成对二样本分析"对话框。

(3)统计量的运算按照下列步骤操作

第一步,在变量1的区域(1)中用鼠标选中第一个样本的数据区域(包括标志);

第二步,在变量2的区域(2)中用鼠标选中第二个样本的数据区域(包括标志);

第三步,在"假设平均差"一栏输0(即$H_0:\mu_1-\mu_2=0$);

第四步,选定"标志";

第五步,用鼠标点击输出区域,在"输出区域"框选择空白区域作为输出区域,如图4-1所示;

第六步,按"确定",得到图4-2;

第七步,根据分析结果t值及双尾p值,得到统计结论。

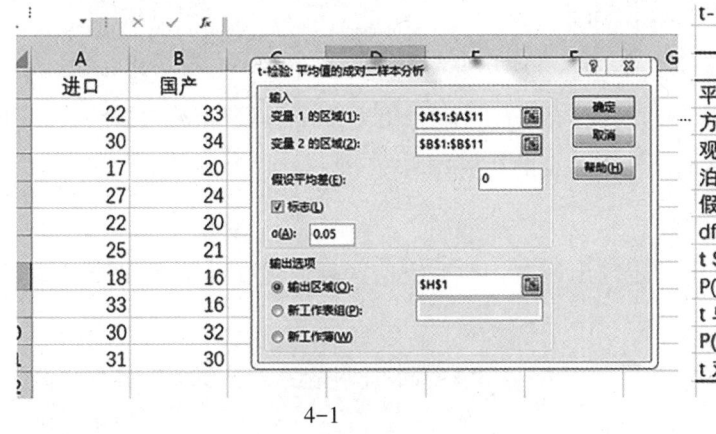

4-1

4-2

图4 t-检验:平均值的成对二样本分析

(四)方差分析

1.单因素资料的方差分析

将一个试验资料的总变异按照各个变异来源进行分解,即将总平方和与总自由度分解为处理平方和、误差平方和与处理自由度、误差自由度,进而计算出处理方差、误差方差以及 F 值,通过 F-检验,作出统计推断。用 Excel 表中单击数据菜单栏选择"数据分析"选项中的"方差分析-单因素分析"方法。

【例 10】某研究所比较不同饲料对罗非鱼日增重的影响,设计四种不同饲料配方 A_1-A_4。选择条件基本相同的鱼苗和鱼池 20 口,随机分成 4 组进行试验,经一定试验期获得的日增重结果列入表 5,试问不同饲料配方对罗非鱼日增重差异是否显著?

表5 不同饲料配方对罗非鱼日增重的影响

饲料类型			日增重(g)		
A_1	3.53	3.76	3.84	3.73	3.64
A_2	4.06	4.07	4.02	4	4.95
A_3	3.78	3.72	3.69	3.56	3.74
A_4	4.98	4.87	4.84	4.9	4.96

解:(1)将原始数据输入 Excel 表中。

(2)选择"单因素方差分析"方法按下列步骤操作:

第一步,从数据菜单栏选择"数据分析"选项,出现"数据分析"对话框;

第二步,从"数据分析"对话框中选定"方差分析:单因素方差分析";

第三步,按"确定",进入"方差分析:单因素方差分析"对话框。

(3)统计量的运算按下列步骤操作:

第一步,单击"输入区域(I)"框,用鼠标拾取原始数据所在的区域包括分组标志;

第二步,根据数据排列方式,处理按行分组,在分组方式中选定行,处理按列分工分组,可在分组方式中选定列;因为每个处理的数据为一行,因此,在"分组方式"选定"行";

第三步,选定"标志";

第四步,在"输出选项"中选定输出区域",拾取空白区域放置统计结果,图 5-1 为单因素资料的方差分析图;

第五步,按"确定",得到计算结果,图 5-2 为单因素资料的方差分析图。其中一张表是数据描述统计,内容是各组水平的总和、平均数、方差和样本含量,另一张表为方差分析表。

该方差分析表中"组间"为 A 因素,即不同的饲料配方,"组内"为试验误差,"总计"为总变异,组间对应的 P 值即为显著性检验的结果,如果 p 值小于 0.05 则还需要进一步对该因素进行多重比较。

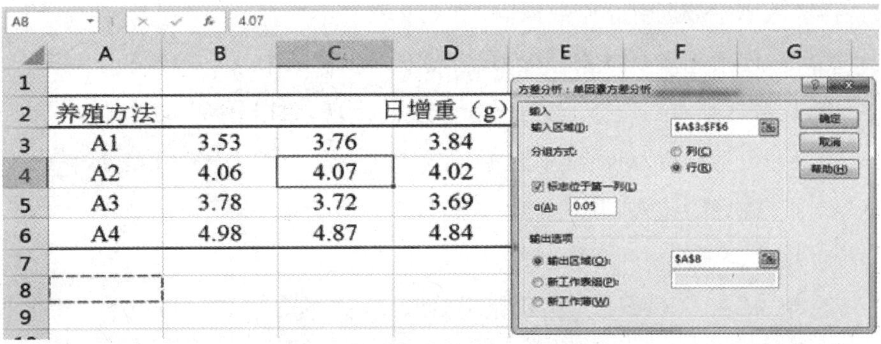

5-1

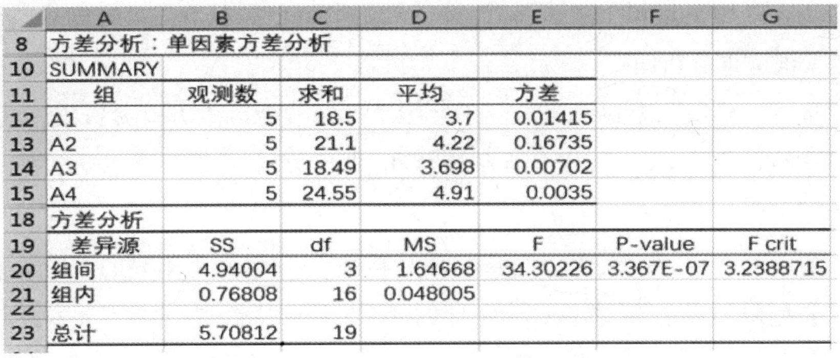

	A	B	C	D	E	F	G
8	方差分析：单因素方差分析						
10	SUMMARY						
11	组	观测数	求和	平均	方差		
12	A1	5	18.5	3.7	0.01415		
13	A2	5	21.1	4.22	0.16735		
14	A3	5	18.49	3.698	0.00702		
15	A4	5	24.55	4.91	0.0035		
18	方差分析						
19	差异源	SS	df	MS	F	P-value	F crit
20	组间	4.94004	3	1.64668	34.30226	3.367E-07	3.2388715
21	组内	0.76808	16	0.048005			
23	总计	5.70812	19				

5-2

图5　单因素资料的方差分析

2. 两因素交叉分组无重复资料的方差分析

两因素交叉分组无重复资料可以用Excel表中单击数据菜单栏选择的“数据分析”选项中的“方差分析：无重复双因素分析”方法，计算出各项统计量以及相应的概率，根据概率P的大小作出统计推断，$P>0.05$，表明差异不显著，总变异来自试验误差；$0.01<P<0.05$，差异显著，总变异来自试验误差的可能性小，由此推断总变异主要来自试验处理效应；$P<0.01$，差异极显著，总变异来自试验误差的可能性更小，由此推断总变异主要来自试验处理效应。

【例11】用3种不同的蛋白水平A_1、A_2、A_3和4种不同的能量水平B_1、B_2、B_3、B_4进行肉鸡的生长试验，经一定试验期增重量见表6，试作方差分析。

表6　肉鸡试验期的增重　　（单位/g）

蛋白水平	能量水平			
	B_1	B_2	B_3	B_4
A_1	650	647	647	653
A_2	663	654	657	658
A_3	652	642	641	648

解：(1)输入原始数据将原始数据输入Excel表中。

(2)选择"双因素无重复方差分析"方法按下列步骤操作。

第一步，从数据菜单栏选择 "数据分析"选项，出现"数据分析"对话框；

第二步，从"数据分析"对话框中选定"方差分析：无重复双因素方差分析"；

第三步，按"确定"，进入"方差分析：无重复双因素方差分析"对话框。

(3)统计量的运算按下列步骤操作。

第一步，单击"输入区域(I)"框，用鼠标拾取原始数据所在的区域包括分组标志；

第二步，选定"标志"；

第三步，在"输出选项"中选定输出区域"，拾取空白区域放置统计结果，图6-1为无重复双因素的方差分析图；

第四步，按"确定"，得到计算结果，图6-2为无重复双因素方差分析图。其中一张表是数据描述统计，内容是二因素各水平的总和、平均数、方差和样本含量，另一张表为方差分析表。

该方差分析表中"行"为比较代表行的因素水平，本例即为不同的蛋白水平；"列"为为比较代表列的因素水平，本例即为不同的能量水平；误差，为试验误差；"总计"为总变异，行列对应的P值即为各因素的显著性检验的结果，如果p值小于0.05则还需要进一步对该因素进行多重比较。

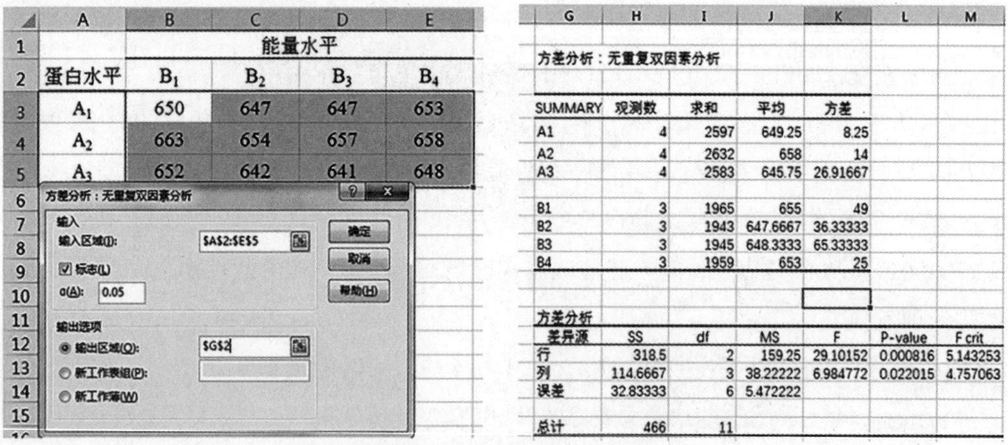

SUMMARY	观测数	求和	平均	方差
A1	4	2597	649.25	8.25
A2	4	2632	658	14
A3	4	2583	645.75	26.91667
B1	3	1965	655	49
B2	3	1943	647.6667	36.33333
B3	3	1945	648.3333	65.33333
B4	3	1959	653	25

方差分析

差异源	SS	df	MS	F	P-value	F crit
行	318.5	2	159.25	29.10152	0.000816	5.143253
列	114.6667	3	38.22222	6.984772	0.022015	4.757063
误差	32.83333	6	5.472222			
总计	466	11				

(1)　　(2)

图6　两因素交叉分组无重复资料的方差分析

3. 双因素交叉分组有重复资料的方差分析

双因素交叉分组有重复资料的方差分析可以用Excel表中单击数据菜单栏选择的"数据分析"选项中的"方差分析：可重复双因素分析"方法，计算出各项统计量以及相应的概率,根据概率P的大小作出统计推断,$P>0.05$,表明差异不显著,总变异来自试验误差;$0.01<P<0.05$,差异显著,总变异来自试验误差的可能性小,由此推断总变异主要来自试验处理效应;$P<0.01$,差异极显著,总变异来自试验误差的可能性更小,由此推断总变异主要来自试验处理效应。

【例12】有人考察两种药物对大鼠子宫的兴奋作用,同时考虑大鼠在产前和产后两种体内激素状态,选取产前和产后的大鼠各8只,分别分为2组,每组各接受一种药物,观察大鼠子宫的收缩高度(mm),结果如表7所示,试进行分差分析。

表7　大鼠子宫的收缩高度　　　　　　　　　　　　单位:mm

药物	产前	产后
A药物	18.9	22.2
	20.2	18.6
	16.7	22.3
	20.7	21.1
B药物	25.3	27.7
	27.6	28.6
	29.1	28.7
	25.4	28.5

(1)输入原始数据将原始数据输入Excel表中,注意每个水平组合下的重复观测值要以列的形式输入。

(2)选择"可重复双因素分析"方法按照下列步骤操作:

第一步,从数据菜单栏选择"数据分析"选项,出现"数据分析"对话框;

第二步,从"数据分析"对话框中选定"方差分析:可重复双因素分析";

第三步,按"确定",进入"方差分析:可重复双因素分析"对话框。

(3)统计量的运算

第一步,单击"输入区域(I)框",用鼠标拾取原始数据所在的区域注意该方法要求必须选择数据标志;

第二步,单击"每一样本的行数(R)"框,在输入区中输入处理的重复数,本例为4;

第三步,在"输出选项"中选定输出区域",拾取空白区域放置统计结果,图7-1可重复双因素的方差分析图;

第四步,按"确定",得到计算结果,图7-2为可重复双因素方差分析图。其中一张表是数据描述统计,内容是各处理、二因素各水平的总和、平均数、方差和样本含量,另一张表为方差分析表。

该方差分析表中"样本"为比较代表行的因素,本例即为水平不同药物,"列"为比较代表列的因素水平,本例即为产前和产后,"交互"为二因素的互作效应,"内部"为误差,"总计"为总变异,对应的 P 值即为各因素的显著性检验的结果。如果交互 P 值小于 0.05 则还需要进一步对处理组合进行多重比较;交互 P 值大于 0.05,某个因素单独的 p 值小于 0.05,则只对该因素进行多重比较。

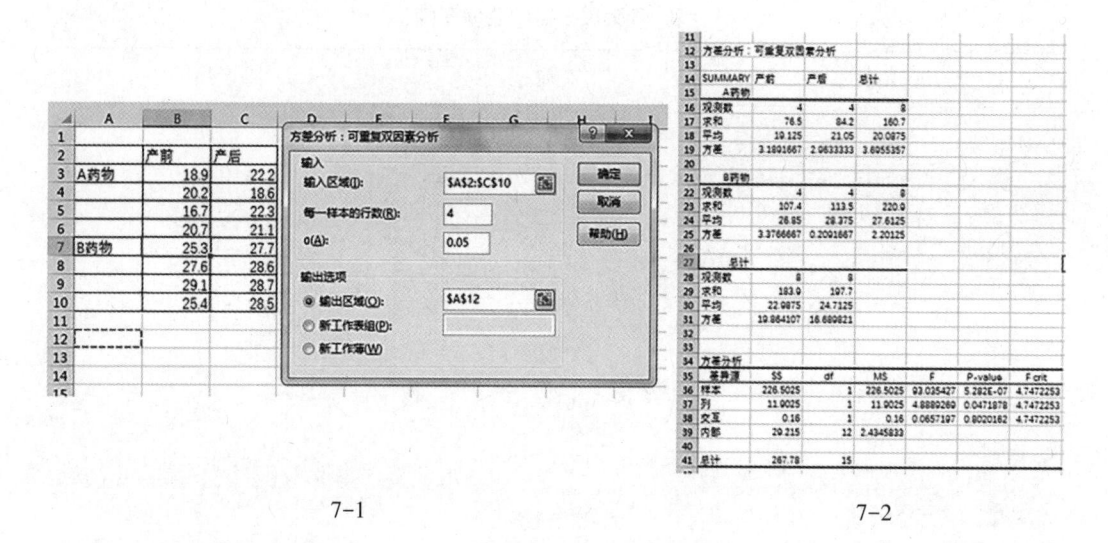

7-1　　　　　　　　　　　　　7-2

图7　可重复双因素方差分析对话框

(五)一元线性回归与相关中的运用

一元回归分析是研究一个变量对另一个变量的单向依存关系。Excel也有对应的分析工具。利用其"数据分析"中的"回归"方法,计算出回归截距、回归系数,两变量之间回归关系的方差分析,对回归系数作 t-检验的 t 值及计算相应概率等。可以直接根据概率的大小对两变量的回归关系是否显著存在作出统计推断。

【例13】为研究仔猪出生重与24日龄断奶重的关系,某猪场统计15头仔猪出生重与断奶重结果见表8,试建立出生重与断奶重的回归方程,并对回归关系、回归系数加以检验。

表8　仔猪初生重与断奶重统计表　　　　　　　　　　　　　　　单位:kg

变量	重量														
初生重(x)	0.95	1	1	1.1	1.1	1.2	1.3	1.35	1.4	1.4	1.45	1.45	1.5	1.55	1.6
断奶重(y)	5.5	5.55	5.85	6	6.1	6.2	6.2	6.8	6.9	7	7.1	7.2	7.3	7.35	7.4

解:(1)输入原始数据将原始数据输入Excel表中注意数据分组以列的形式。

(2)选择"回归"方法按下列步骤操作。

第一步,从数据菜单栏选择"数据分析"选项,出现"数据分析"对话框;

第二步,从"数据分析"对话框中选"回归";

第三步,按"确定",进入"回归"对话框。

(3)统计量的运算按下列步骤操作。

第一步,单击"Y值输入区域(Y)"框,用鼠标选中依变量区域;

第二步,单击"X值输入区域(X)"框,用鼠标选中自变量区域;

第三步,选定"标志";

第四步,选定"置信度";

第五步,在"输出选项",点拾取按钮,拾取空白区域输出结果,见图8-1;

第六步,按"确定"得到计算结果,见图8-2。

结果中第一个表为回归统计表,各行依次为复相关系数(依变量观察值与估计值的相关系数r)、决定系数(复相关系数的平方R_2)、矫正复相关系数的平方、标准误(离回归标准误$S_{y/x}$)、观察值数(样本含量n);第二个表为回归归关系的方差分析表。该方差分析表最后1列的概率值$P=3.48×10^{-10}<0.01$,差异极显著,即表明24日龄断奶重与初生重间存在极显著的直线关系;第三个表是回归截距(2.616)和回归系数(3.060)的估计值及其显著性检验及置信区间的统计结果。

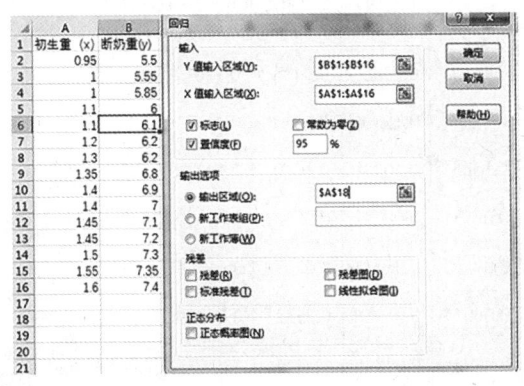

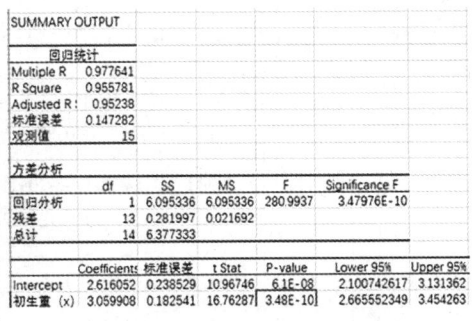

图8 仔猪初生重与断奶重的回归分析

附录二

常用数理统计表

附表1 标准正态分布表

$$\Phi(u) = \frac{1}{\sqrt{2\pi}} \int_{-\infty}^{u} e^{\frac{t^2}{2}} dt \quad (u \leq 0)$$

u	0.00	0.01	0.02	0.03	0.04	0.05	0.06	0.07	0.08	0.09	u
-0.0	0.5000	0.4960	0.4920	0.4880	0.4840	0.4801	0.4761	0.4721	0.4681	0.4641	-0.0
-0.1	0.4602	0.4562	0.4522	0.4483	0.4443	0.4404	0.4364	0.4325	0.4286	0.4247	-0.1
-0.2	0.4207	0.4168	0.4129	0.4090	0.4052	0.4013	0.3974	0.3936	0.3897	0.3859	-0.2
-0.3	0.3821	0.3783	0.3745	0.3707	0.3669	0.3632	0.3594	0.3557	0.3520	0.3483	-0.3
-0.4	0.3446	0.3409	0.3372	0.3336	0.3300	0.3264	0.3228	0.3192	0.3156	0.3121	-0.4
-0.5	0.3085	0.3050	0.3015	0.2981	0.2946	0.2912	0.2877	0.2843	0.2810	0.2776	-0.5
-0.6	0.2743	0.2709	0.2676	0.2643	0.2611	0.2578	0.2546	0.2514	0.2483	0.2451	-0.6
-0.7	0.2420	0.2389	0.2358	0.2327	0.2297	0.2266	0.2236	0.2206	0.2177	0.2148	-0.7
-0.8	0.2119	0.2090	0.2061	0.2033	0.2005	0.1977	0.1949	0.1922	0.1894	0.1867	-0.8
-0.9	0.1841	0.1814	0.1788	0.1762	0.1736	0.1711	0.1685	0.1660	0.1635	0.1611	-0.9
-1.0	0.1587	0.1562	0.1539	0.1515	0.1492	0.1469	0.1446	0.1423	0.1401	0.1379	-1.0
-1.1	0.1357	0.1335	0.1314	0.1292	0.1271	0.1251	0.1230	0.1210	0.1190	0.1170	-1.1
-1.2	0.1151	0.1131	0.1112	0.1093	0.1075	0.1056	0.1038	0.1020	0.1003	0.09853	-1.2
-1.3	0.09680	0.09510	0.09342	0.09176	0.09012	0.08851	0.08691	0.08534	0.08379	0.08226	-1.3
-1.4	0.08076	0.07927	0.07780	0.07636	0.07493	0.07353	0.07215	0.07078	0.06944	0.06811	-1.4
-1.5	0.06681	0.06552	0.06426	0.06301	0.06178	0.06057	0.05938	0.05821	0.05705	0.05592	-1.5
-1.6	0.05480	0.05370	0.05262	0.05155	0.05050	0.04947	0.04846	0.04746	0.04648	0.04551	-1.6
-1.7	0.04457	0.04363	0.04272	0.04182	0.04093	0.04006	0.03920	0.03836	0.03754	0.03673	-1.7
-1.8	0.03593	0.03515	0.03438	0.03362	0.03288	0.03216	0.03144	0.03074	0.03005	0.02938	-1.8
-1.9	0.02872	0.02807	0.02743	0.02680	0.02619	0.02559	0.02500	0.02442	0.02385	0.02330	-1.9
-2.0	0.02275	0.02222	0.02169	0.02118	0.02068	0.02018	0.01970	0.01923	0.01876	0.01831	-2.0

(续表)

u	0.00	0.01	0.02	0.03	0.04	0.05	0.06	0.07	0.08	0.09	u
-2.1	0.01786	0.01743	0.01700	0.01659	0.01618	0.01578	0.01539	0.01500	0.01463	0.01426	-2.1
-2.2	0.01390	0.01355	0.01321	0.01287	0.01255	0.01222	0.01191	0.01160	0.01130	0.01101	-2.2
-2.3	0.01072	0.01044	0.01017	$0.0^2 9903$	$0.0^2 9642$	$0.0^2 9387$	$0.0^2 9137$	$0.0^2 8894$	$0.0^2 8656$	$0.0^2 8424$	-2.3
-2.4	$0.0^2 8198$	$0.0^2 7976$	$0.0^2 7760$	$0.0^2 7549$	$0.0^2 7344$	$0.0^2 7143$	$0.0^2 6947$	$0.0^2 6756$	$0.0^2 6569$	$0.0^2 6387$	-2.4
-2.5	$0.0^2 6210$	$0.0^2 6037$	$0.0^2 5868$	$0.0^2 5703$	$0.0^2 5543$	$0.0^2 5386$	$0.0^2 5234$	$0.0^2 5085$	$0.0^2 4940$	$0.0^2 4799$	-2.5
-2.6	$0.0^2 4661$	$0.0^2 4527$	$0.0^2 4396$	$0.0^2 4269$	$0.0^2 4145$	$0.0^2 4025$	$0.0^2 3907$	$0.0^2 3793$	$0.0^2 3681$	$0.0^2 3573$	-2.6
-2.7	$0.0^2 3467$	$0.0^2 3364$	$0.0^2 3264$	$0.0^2 3167$	$0.0^2 3072$	$0.0^2 2980$	$0.0^2 2890$	$0.0^2 2803$	$0.0^2 2718$	$0.0^2 2635$	-2.7
-2.8	$0.0^2 2555$	$0.0^2 2477$	$0.0^2 2401$	$0.0^2 2327$	$0.0^2 2256$	$0.0^2 2186$	$0.0^2 2118$	$0.0^2 2052$	$0.0^2 1988$	$0.0^2 1926$	-2.8
-2.9	$0.0^2 1866$	$0.0^2 1807$	$0.0^2 1750$	$0.0^2 1695$	$0.0^2 1641$	$0.0^2 1589$	$0.0^2 1538$	$0.0^2 1489$	$0.0^2 1441$	$0.0^2 1395$	-2.9
-3.0	$0.0^2 1350$	$0.0^2 1306$	$0.0^2 1264$	$0.0^2 1223$	$0.0^2 1183$	$0.0^2 1144$	$0.0^2 1107$	$0.0^2 1070$	$0.0^2 1035$	$0.0^2 1001$	-3.0
-3.1	$0.0^3 9676$	$0.0^3 9354$	$0.0^3 9043$	$0.0^3 8740$	$0.0^3 8447$	$0.0^3 8164$	$0.0^3 7888$	$0.0^3 7622$	$0.0^3 7364$	$0.0^3 7114$	-3.1
-3.2	$0.0^3 6871$	$0.0^3 6637$	$0.0^3 6410$	$0.0^3 6190$	$0.0^3 5976$	$0.0^3 5770$	$0.0^3 5571$	$0.0^3 5377$	$0.0^3 5190$	$0.0^3 5009$	-3.2
-3.3	$0.0^3 4834$	$0.0^3 4665$	$0.0^3 4501$	$0.0^3 4342$	$0.0^3 4189$	$0.0^3 4041$	$0.0^3 3897$	$0.0^3 3758$	$0.0^3 3624$	$0.0^3 3495$	-3.3
-3.4	$0.0^3 3369$	$0.0^3 3248$	$0.0^3 3131$	$0.0^3 3018$	$0.0^3 2909$	$0.0^3 2803$	$0.0^3 2701$	$0.0^3 2602$	$0.0^3 2507$	$0.0^3 2415$	-3.4
-3.5	$0.0^3 2326$	$0.0^3 2241$	$0.0^3 2158$	$0.0^3 2078$	$0.0^3 2001$	$0.0^3 1926$	$0.0^3 1854$	$0.0^3 1785$	$0.0^3 1718$	$0.0^3 1653$	-3.5
-3.6	$0.0^3 1591$	$0.0^3 1531$	$0.0^3 1473$	$0.0^3 1417$	$0.0^3 1363$	$0.0^3 1311$	$0.0^3 1261$	$0.0^3 1213$	$0.0^3 1166$	$0.0^3 1121$	-3.6
-3.7	$0.0^3 1078$	$0.0^3 1036$	$0.0^4 9961$	$0.0^4 9574$	$0.0^4 9201$	$0.0^4 8842$	$0.0^4 8496$	$0.0^4 8162$	$0.0^4 7841$	$0.0^4 7532$	-3.7
-3.8	$0.0^4 7235$	$0.0^4 6948$	$0.0^4 6673$	$0.0^4 6407$	$0.0^4 6152$	$0.0^4 5906$	$0.0^4 5669$	$0.0^4 5442$	$0.0^4 5223$	$0.0^4 5012$	-3.8
-3.9	$0.0^4 4810$	$0.0^4 4615$	$0.0^4 4427$	$0.0^4 4247$	$0.0^4 4074$	$0.0^4 3908$	$0.0^4 3747$	$0.0^4 3594$	$0.0^4 3446$	$0.0^4 3304$	-3.9
-4.0	$0.0^4 3167$	$0.0^4 3036$	$0.0^4 2910$	$0.0^4 2789$	$0.0^4 2673$	$0.0^4 2561$	$0.0^4 2454$	$0.0^4 2351$	$0.0^4 2252$	$0.0^4 2157$	-4.0
-4.1	$0.0^4 2066$	$0.0^4 1978$	$0.0^4 1894$	$0.0^4 1814$	$0.0^4 1737$	$0.0^4 1662$	$0.0^4 1591$	$0.0^4 1523$	$0.0^4 1458$	$0.0^4 1395$	-4.1
-4.2	$0.0^4 1335$	$0.0^4 1277$	$0.0^4 1222$	$0.0^4 1168$	$0.0^4 1118$	$0.0^4 1069$	$0.0^5 1022$	$0.0^5 9774$	$0.0^5 9345$	$0.0^5 8934$	-4.2
-4.3	$0.0^5 8540$	$0.0^5 8163$	$0.0^5 7801$	$0.0^5 7455$	$0.0^5 7124$	$0.0^5 6807$	$0.0^5 6503$	$0.0^5 6212$	$0.0^5 5934$	$0.0^5 5668$	-4.3
-4.4	$0.0^5 5413$	$0.0^5 5169$	$0.0^5 4935$	$0.0^5 4712$	$0.0^5 4498$	$0.0^5 4294$	$0.0^5 4098$	$0.0^5 3911$	$0.0^5 3732$	$0.0^5 3561$	-4.4
-4.5	$0.0^5 3398$	$0.0^5 3241$	$0.0^5 3092$	$0.0^5 2949$	$0.0^5 2813$	$0.0^5 2682$	$0.0^5 2558$	$0.0^5 2439$	$0.0^5 2325$	$0.0^5 2216$	-4.5
-4.6	$0.0^5 2112$	$0.0^5 2013$	$0.0^5 1919$	$0.0^5 1828$	$0.0^5 1742$	$0.0^5 1660$	$0.0^5 1581$	$0.0^5 1506$	$0.0^5 1434$	$0.0^5 1366$	-4.6
-4.7	$0.0^5 1301$	$0.0^5 1239$	$0.0^5 1179$	$0.0^5 1123$	$0.0^5 1069$	$0.0^5 1017$	$0.0^6 9630$	$0.0^6 9211$	$0.0^6 8765$	$0.0^6 8339$	-4.7
-4.8	$0.0^6 7933$	$0.0^6 7547$	$0.0^6 7178$	$0.0^6 6827$	$0.0^6 6492$	$0.0^6 6173$	$0.0^6 5869$	$0.0^6 5580$	$0.0^6 5304$	$0.0^6 5042$	-4.8
-4.9	$0.0^6 4792$	$0.0^6 4554$	$0.0^6 4327$	$0.0^6 4111$	$0.0^6 3906$	$0.0^6 3711$	$0.0^6 3525$	$0.0^6 3348$	$0.0^6 3179$	$0.0^6 3019$	-4.9

$$\Phi(u) = \frac{1}{\sqrt{2\pi}} \int_{-\infty}^{u} e^{\frac{t^2}{2}} dt \quad (u \geq 0)$$

u	0.00	0.01	0.02	0.03	0.04	0.05	0.06	0.07	0.08	0.09	u
0.0	0.5000	0.5040	0.5080	0.5120	0.5160	0.5199	0.5239	0.5279	0.5319	0.5359	0.0
0.1	0.5398	0.5438	0.5478	0.5517	0.555	0.5596	0.5636	0.5675	0.5714	0.5753	0.1
0.2	0.5793	0.5832	0.5871	0.5910	0.5948	0.5987	0.6026	0.6064	0.6103	0.6141	0.2
0.3	0.6179	0.6217	0.6255	0.6293	0.6331	0.6368	0.6406	0.6443	0.6480	0.6517	0.3
0.4	0.6554	0.6591	0.6628	0.6664	0.6700	0.6736	0.6772	0.6808	0.6844	0.6879	0.4
0.5	0.6915	0.6950	0.6985	0.7019	0.7054	0.7088	0.7123	0.7157	0.7190	0.7224	0.5
0.6	0.7257	0.7291	0.7324	0.7357	0.7389	0.7422	0.7454	0.7486	0.7517	0.7549	0.6
0.7	0.7580	0.7611	0.7642	0.7673	0.7703	0.7734	0.7764	0.7794	0.7823	0.7852	0.7
0.8	0.7881	0.7910	0.7939	0.7967	0.7995	0.8023	0.8051	0.8078	0.8106	0.8133	0.8
0.9	0.8159	0.8186	0.8212	0.8238	0.8264	0.8289	0.8315	0.8340	0.8365	0.8389	0.9
1.0	0.8413	0.8438	0.8461	0.8485	0.8508	0.8531	0.8554	0.8577	0.8599	0.8621	1.0
1.1	0.8643	0.8665	0.8686	0.8708	0.8729	0.8749	0.8770	0.8790	0.8810	0.8830	1.1
1.2	0.8849	0.8869	0.8888	0.8907	0.8925	0.8944	0.8962	0.8980	0.8997	0.90147	1.2
1.3	0.90320	0.90490	0.90658	0.90824	0.90988	0.91149	0.91309	0.91466	0.91621	0.91774	1.3
1.4	0.91924	0.92073	0.92220	0.92364	0.92507	0.92647	0.92785	0.92922	0.93056	0.93189	1.4
1.5	0.93319	0.93448	0.93574	0.93699	0.93822	0.93943	0.94062	0.94179	0.94295	0.94408	1.5
1.6	0.94520	0.94630	0.94738	0.94845	0.94950	0.95053	0.95154	0.95254	0.95352	0.95449	1.6
1.7	0.95543	0.95637	0.95728	0.95818	0.95907	0.95994	0.96080	0.96164	0.96246	0.96327	1.7
1.8	0.96407	0.96485	0.96562	0.96638	0.96712	0.96784	0.96856	0.96926	0.96995	0.97062	1.8
1.9	0.97128	0.97193	0.97257	0.97320	0.97381	0.97441	0.97500	0.97558	0.97615	0.97670	1.9
2.0	0.97725	0.97778	0.97831	0.97882	0.97932	0.97982	0.98030	0.98077	0.98124	0.98169	2.0
2.1	0.98214	0.98257	0.98300	0.98341	0.98382	0.98422	0.98461	0.98500	0.98537	0.98574	2.1
2.2	0.98610	0.98645	0.98679	0.98713	0.98745	0.98778	0.98809	0.98840	0.98870	0.98899	2.2

（续表）

u	0.00	0.01	0.02	0.03	0.04	0.05	0.06	0.07	0.08	0.09	u
2.3	0.98928	0.98956	0.98983	$0.9^2 0097$	$0.9^2 0358$	$0.9^2 0613$	$0.9^2 0863$	$0.9^2 1106$	$0.9^2 1344$	$0.9^2 1576$	2.3
2.4	$0.9^2 1802$	$0.9^2 2024$	$0.9^2 2240$	$0.9^2 2451$	$0.9^2 2656$	$0.9^2 2857$	$0.9^2 3053$	$0.9^2 3244$	$0.9^2 3431$	$0.9^2 3613$	2.4
2.5	$0.9^2 3790$	$0.9^2 3963$	$0.9^2 4132$	$0.9^2 4297$	$0.9^2 4457$	$0.9^2 4614$	$0.9^2 4766$	$0.9^2 4815$	$0.9^2 5060$	$0.9^2 5201$	2.5
2.6	$0.9^2 5339$	$0.9^2 5473$	$0.9^2 5604$	$0.9^2 5731$	$0.9^2 5855$	$0.9^2 5975$	$0.9^2 6093$	$0.9^2 6207$	$0.9^2 6319$	$0.9^2 6427$	2.6
2.7	$0.9^2 6533$	$0.9^2 6636$	$0.9^2 6736$	$0.9^2 6833$	$0.9^2 6928$	$0.9^2 7020$	$0.9^2 7110$	$0.9^2 7197$	$0.9^2 7282$	$0.9^2 7365$	2.7
2.8	$0.9^2 7445$	$0.9^2 7523$	$0.9^2 7599$	$0.9^2 7673$	$0.9^2 7744$	$0.9^2 7814$	$0.9^2 7882$	$0.9^2 7948$	$0.9^2 8012$	$0.9^2 8074$	2.8
2.9	$0.9^2 8134$	$0.9^2 8193$	$0.9^2 8250$	$0.9^2 8305$	$0.9^2 8359$	$0.9^2 8411$	$0.9^2 8462$	$0.9^2 8511$	$0.9^2 8559$	$0.9^2 8605$	2.9
3.0	$0.9^2 8650$	$0.9^2 8694$	$0.9^2 8736$	$0.9^2 8777$	$0.9^2 8817$	$0.9^2 8856$	$0.9^2 8893$	$0.9^2 8930$	$0.9^2 8965$	$0.9^2 8999$	3.0
3.1	$0.9^3 0324$	$0.9^3 0646$	$0.9^3 0957$	$0.9^3 1260$	$0.9^3 1553$	$0.9^3 1836$	$0.9^3 2112$	$0.9^3 2378$	$0.9^3 2636$	$0.9^3 2886$	3.1
3.2	$0.9^3 3129$	$0.9^3 3363$	$0.9^3 3590$	$0.9^3 3810$	$0.9^3 4024$	$0.9^3 4230$	$0.9^3 4429$	$0.9^3 4623$	$0.9^3 4810$	$0.9^3 4991$	3.2
3.3	$0.9^3 5166$	$0.9^3 5335$	$0.9^3 5499$	$0.9^3 5658$	$0.9^3 5811$	$0.9^3 5959$	$0.9^3 6103$	$0.9^3 6242$	$0.9^3 6376$	$0.9^3 6505$	3.3
3.4	$0.9^3 6631$	$0.9^3 6752$	$0.9^3 6969$	$0.9^3 6982$	$0.9^3 7091$	$0.9^3 7197$	$0.9^3 7299$	$0.9^3 7398$	$0.9^3 7493$	$0.9^3 7585$	3.4
3.5	$0.9^3 7674$	$0.9^3 7759$	$0.9^3 7842$	$0.9^3 7922$	$0.9^3 7999$	$0.9^3 8074$	$0.9^3 8146$	$0.9^3 8215$	$0.9^3 8282$	$0.9^3 8347$	3.5
3.6	$0.9^3 8409$	$0.9^3 8469$	$0.9^3 8527$	$0.9^3 8583$	$0.9^3 8637$	$0.9^3 8689$	$0.9^3 8739$	$0.9^3 8787$	$0.9^3 8834$	$0.9^3 8879$	3.6
3.7	$0.9^3 8922$	$0.9^3 8964$	$0.9^4 0039$	$0.9^4 0426$	$0.9^4 0799$	$0.9^4 1158$	$0.9^4 1504$	$0.9^4 1838$	$0.9^4 2159$	$0.9^4 2468$	3.7
3.8	$0.9^4 2765$	$0.9^4 3052$	$0.9^4 3327$	$0.9^4 3593$	$0.9^4 3848$	$0.9^4 4094$	$0.9^4 4331$	$0.9^4 4558$	$0.9^4 4777$	$0.9^4 4983$	3.8
3.9	$0.9^4 5190$	$0.9^4 5385$	$0.9^4 5573$	$0.9^4 5753$	$0.9^4 5926$	$0.9^4 6092$	$0.9^4 6253$	$0.9^4 6406$	$0.9^4 6554$	$0.9^4 6696$	3.9
4.0	$0.9^4 6833$	$0.9^4 6964$	$0.9^4 7090$	$0.9^4 7211$	$0.9^4 7327$	$0.9^4 7439$	$0.9^4 7546$	$0.9^4 7649$	$0.9^4 7748$	$0.9^4 7843$	4.0
4.1	$0.9^4 7934$	$0.9^4 8022$	$0.9^4 8106$	$0.9^4 8186$	$0.9^4 8263$	$0.9^4 8338$	$0.9^4 8409$	$0.9^4 8477$	$0.9^4 8542$	$0.9^4 8605$	4.1
4.2	$0.9^4 8665$	$0.9^4 8723$	$0.9^4 8778$	$0.9^4 8832$	$0.9^4 8882$	$0.9^4 8931$	$0.9^4 8978$	$0.9^5 0226$	$0.9^5 0655$	$0.9^5 1066$	4.2
4.3	$0.9^5 1460$	$0.9^5 1837$	$0.9^5 2199$	$0.9^5 2545$	$0.9^5 2876$	$0.9^5 3193$	$0.9^5 3497$	$0.9^5 3788$	$0.9^5 4066$	$0.9^5 4332$	4.3
4.4	$0.9^5 4587$	$0.9^5 4831$	$0.9^5 5065$	$0.9^5 5288$	$0.9^5 5502$	$0.9^5 5706$	$0.9^5 5902$	$0.9^5 6089$	$0.9^5 6268$	$0.9^5 6439$	4.4
4.5	$0.9^5 6602$	$0.9^5 6759$	$0.9^5 6908$	$0.9^5 7051$	$0.9^5 7187$	$0.9^5 7318$	$0.9^5 7442$	$0.9^5 7561$	$0.9^5 7675$	$0.9^5 7784$	4.5
4.6	$0.9^5 7888$	$0.9^5 7987$	$0.9^5 8081$	$0.9^5 8172$	$0.9^5 8258$	$0.9^5 8340$	$0.9^5 8419$	$0.9^5 8494$	$0.9^5 8566$	$0.9^5 8634$	4.6
4.7	$0.9^5 8699$	$0.9^5 8761$	$0.9^5 8821$	$0.9^5 8877$	$0.9^5 8931$	$0.9^5 8983$	$0.9^6 0320$	$0.9^6 0789$	$0.9^6 1235$	$0.9^6 1661$	4.7
4.8	$0.9^6 2067$	$0.9^6 2453$	$0.9^6 2822$	$0.9^6 3173$	$0.9^6 3508$	$0.9^6 3827$	$0.9^6 4131$	$0.9^6 4420$	$0.9^6 4696$	$0.9^6 4958$	4.8
4.9	$0.9^6 5208$	$0.9^6 5446$	$0.9^6 5673$	$0.9^6 5889$	$0.9^6 6094$	$0.9^6 6289$	$0.9^6 6475$	$0.9^6 6652$	$0.9^6 6821$	$0.9^6 6981$	4.9

附表2 标准正态分布的双侧分位数 u_α 值表

p	p=0.01	0.02	0.03	0.04	0.05	0.06	0.07	0.08	0.09	0.10
0.0	2.575829	2.326348	2.170090	2.053749	1.959964	1.880794	1.811911	1.750686	1.695398	1.644854
0.1	1.598193	1.554774	1.514102	1.475791	1.439531	1.405072	1.372204	1.340755	1.310579	1.231552
0.2	1.253565	1.226528	1.200359	1.174987	1.150349	1.126391	1.103063	1.080319	1.058122	1.036433
0.3	1.015222	0.994458	0.974114	0.954165	0.934589	0.915365	0.896473	0.877896	0.859617	0.841621
0.4	0.823894	0.806421	0.789192	0.772193	0.755415	0.738847	0.722479	0.706303	0.690309	0.674490
0.5	0.658838	0.643345	0.628006	0.612813	0.597760	0.582841	0.568051	0.553385	0.538836	0.524401
0.6	0.510073	0.495850	0.481727	0.467699	0.453762	0.439913	0.426148	0.412463	0.398855	0.385320
0.7	0.371856	0.358459	0.345125	0.331853	0.318639	0.305481	0.292375	0.279319	0.266311	0.253347
0.8	0.240426	0.227545	0.214702	0.201893	0.189118	0.176374	0.163658	0.150969	0.138304	0.125661
0.9	0.113039	0.100434	0.087845	0.075270	0.062707	0.050154	0.037608	0.025069	0.012533	0.000000

附表3 t 值表(两尾)

自由度 df	概率 p=0.500	0.200	0.100	0.050	0.025	0.010	0.005
1	1.000	3.078	6.314	12.706	25.452	63.657	127.321
2	0.816	1.886	2.920	4.303	6.205	9.925	14.089
3	0.765	1.638	2.353	3.182	4.176	5.841	7.453
4	0.741	1.533	2.132	2.776	3.495	4.604	5.598
5	0.727	1.476	2.015	2.571	3.163	4.032	4.773
6	0.718	1.440	1.943	2.447	2.969	3.707	4.317
7	0.711	1.415	1.895	2.365	2.841	3.499	4.029
8	0.706	1.397	1.860	2.306	2.752	3.355	3.832
9	0.703	1.383	1.833	2.262	2.685	3.250	3.690
10	0.700	1.372	1.812	2.228	2.634	3.169	3.581
11	0.697	1.363	1.796	2.201	2.593	3.106	3.497
12	0.695	1.356	1.782	2.179	2.560	3.055	3.428
13	0.694	1.350	1.771	2.160	2.533	3.012	3.372
14	0.692	1.345	1.761	2.145	2.510	2.977	3.326
15	0.691	1.341	1.753	2.131	2.490	2.947	3.286

（续表）

自由度 df	概率 p						
	0.500	0.200	0.100	0.050	0.025	0.010	0.005
16	0.690	1.337	1.746	2.120	2.473	2.921	3.252
17	0.689	1.333	1.740	2.110	2.458	2.898	3.222
18	0.688	1.330	1.734	2.101	2.445	2.878	3.197
19	0.688	1.328	1.729	2.093	2.433	2.861	3.174
20	0.687	1.325	1.725	2.086	2.423	2.845	3.153
21	0.686	1.323	1.721	2.080	2.414	2.831	3.135
22	0.686	1.321	1.717	2.074	2.406	2.819	3.119
23	0.685	1.319	1.714	2.069	2.398	2.807	3.104
24	0.685	1.318	1.711	2.064	2.391	2.797	3.090
25	0.684	1.316	1.708	2.060	2.385	2.787	3.078
26	0.684	1.315	1.706	2.056	2.379	2.779	3.067
27	0.684	1.314	1.703	2.052	2.373	2.771	3.056
28	0.683	1.313	1.701	2.048	2.368	2.763	3.047
29	0.683	1.311	1.699	2.045	2.364	2.756	3.038
30	0.683	1.310	1.697	2.042	2.360	2.750	3.030
35	0.682	1.306	1.690	2.030	2.342	2.724	2.996
40	0.681	1.303	1.684	2.021	2.329	2.704	2.971
45	0.680	1.301	1.680	2.014	2.319	2.690	2.952
50	0.680	1.299	1.676	2.008	2.310	2.678	2.937
55	0.679	1.297	1.673	2.004	2.304	2.669	2.925
60	0.679	1.296	1.671	2.000	2.299	2.660	2.915
70	0.678	1.294	1.667	1.994	2.290	2.648	2.899
80	0.678	1.292	1.665	1.989	2.284	2.638	2.887
90	0.677	1.291	1.662	1.986	2.279	2.631	2.878
100	0.677	1.290	1.661	1.982	2.276	2.625	2.871
120	0.677	1.289	1.658	1.980	2.270	2.617	2.860
∞	0.674	1.282	1.645	1.960	2.241	2.576	2.807

附表4　F值表(一尾,方差分析用)

df_2	\multicolumn{12}{c}{df_1 (较大均方的自由度)}
	1	2	3	4	5	6	7	8	9	10	11	12
1	161	200	216	225	230	234	237	239	241	242	243	244
	4052	4999	5403	5625	5764	5859	5928	5981	6022	6056	6082	6106
2	18.51	19.00	19.16	19.25	19.30	19.33	19.36	19.37	19.38	19.39	19.40	19.41
	98.50	99.00	99.17	99.25	99.30	99.33	99.36	99.37	99.39	99.40	99.41	99.42
3	10.13	9.55	9.28	9.12	9.01	8.94	8.89	8.85	8.81	8.79	8.76	8.74
	34.12	30.82	29.46	28.71	28.24	27.91	27.67	27.49	27.34	27.23	27.14	27.05
4	7.71	6.94	6.59	6.39	6.26	6.16	6.09	6.04	6.00	5.96	5.94	5.91
	21.20	18.00	16.69	15.98	15.52	15.21	14.98	14.80	14.66	14.54	14.45	14.37
5	6.61	5.79	5.41	5.19	5.05	4.95	4.88	4.82	4.78	4.74	4.70	4.68
	16.26	13.27	12.06	11.39	10.97	10.67	10.45	10.27	10.15	10.05	9.96	9.89
6	5.99	5.14	4.76	4.53	4.39	4.28	4.21	4.15	4.10	4.06	4.03	4.00
	13.75	10.92	9.78	9.15	8.75	8.47	8.26	8.10	7.98	7.87	7.79	7.72
7	5.59	4.74	4.35	4.12	3.97	3.87	3.79	3.73	3.68	3.63	3.60	3.57
	12.25	9.55	8.45	7.85	7.46	7.19	7.00	6.84	6.71	6.62	6.54	6.47
8	5.32	4.46	4.07	3.84	3.69	3.58	3.50	3.44	3.39	3.34	3.31	3.28
	11.26	8.65	7.59	7.01	6.63	6.37	6.19	6.03	5.91	5.82	5.74	5.67
9	5.12	4.26	3.86	3.63	3.48	3.37	3.29	3.23	3.18	3.13	3.10	3.07
	10.56	8.02	6.99	6.42	6.06	5.80	5.62	5.47	5.35	5.26	5.18	5.11
10	4.96	4.10	3.71	3.48	3.33	3.22	3.14	3.07	3.02	2.97	2.94	2.91
	10.04	7.56	6.55	5.99	5.64	5.39	5.20	5.06	4.94	4.85	4.78	4.71
11	4.84	3.98	3.59	3.36	3.20	3.09	3.01	2.95	2.90	2.86	2.82	2.79
	9.65	7.20	6.22	5.67	5.32	5.07	4.88	4.74	4.63	4.54	4.46	4.40
12	4.75	3.88	3.49	3.26	3.11	3.00	2.92	2.85	2.80	2.76	2.72	2.69
	9.33	6.93	5.95	5.41	5.06	4.82	4.65	4.50	4.39	4.30	4.22	4.16
13	4.67	3.80	3.41	3.18	3.02	2.92	2.84	2.77	2.72	2.67	2.63	2.60
	9.07	6.70	5.74	5.20	4.86	4.62	4.44	4.30	4.19	4.10	4.02	3.96
14	4.60	3.74	3.34	3.11	2.96	2.85	2.77	2.70	2.65	2.60	2.56	2.53
	8.86	6.51	5.56	5.03	4.69	4.46	4.28	4.14	4.03	3.94	3.86	3.80
15	4.54	3.68	3.29	3.06	2.90	2.79	2.70	2.64	2.59	2.55	2.51	2.48
	8.68	6.36	5.42	4.89	4.56	4.32	4.14	4.00	3.89	3.80	3.73	3.67
16	4.49	3.63	3.24	3.01	2.85	2.74	2.66	2.59	2.54	2.49	2.45	2.42
	8.53	6.23	5.29	4.77	4.44	4.20	4.03	3.89	3.78	3.69	3.61	3.55
17	4.45	3.59	3.20	2.96	2.81	2.70	2.62	2.55	2.50	2.45	2.41	2.38
	8.41	6.11	5.18	4.67	4.34	4.10	3.93	3.79	3.68	3.59	3.52	3.45
18	4.42	3.55	3.16	2.93	2.77	2.66	2.58	2.51	2.46	2.41	2.37	2.34
	8.28	6.01	5.09	4.58	4.25	4.01	3.85	3.71	3.60	3.51	3.44	3.37
19	4.38	3.52	3.13	2.90	2.74	2.63	2.55	2.48	2.43	2.38	2.34	2.31
	8.18	5.93	5.01	4.50	4.17	3.94	3.77	3.63	3.52	3.43	3.36	3.30
20	4.35	3.49	3.10	2.87	2.71	2.60	2.52	2.45	2.40	2.35	2.31	2.28
	8.10	5.85	4.94	4.43	4.10	3.87	3.71	3.56	3.45	3.37	3.30	3.23
22	4.30	3.44	3.05	2.82	2.66	2.55	2.47	2.40	2.35	2.30	2.26	2.23
	7.94	5.72	4.82	4.31	3.99	3.76	3.59	3.45	3.35	3.26	3.18	3.12

(续表)

df_2	\multicolumn{12}{c}{df_1 (较大均方的自由度)}
	1	2	3	4	5	6	7	8	9	10	11	12
1	245	246	248	249	250	251	252	253	253	254	254	254
	6142	6169	6208	6234	6258	6286	6302	6323	6334	6352	6361	6366
2	19.42	19.43	19.44	19.45	19.46	19.47	19.47	19.48	19.49	19.49	19.50	19.50
	99.43	99.44	99.45	99.45	99.47	99.48	99.48	99.48	99.49	99.49	99.50	99.50
3	8.71	8.69	5.80	8.64	8.62	8.59	8.58	8.56	8.55	8.54	8.53	8.53
	26.92	26.83	26.69	26.60	26.50	26.41	26.35	26.28	26.23	26.18	26.14	26.12
4	5.87	5.84	5.80	5.77	5.75	5.72	5.70	5.68	5.66	5.65	5.64	5.63
	14.24	14.15	14.02	13.93	13.83	13.74	13.69	13.62	13.57	13.52	13.48	13.46
5	4.64	4.60	4.56	4.53	4.50	4.46	4.44	4.42	4.40	4.38	4.37	4.36
	9.77	9.68	9.55	9.47	9.38	9.29	9.24	9.17	9.13	9.08	9.04	9.02
6	3.96	3.92	3.87	3.84	3.81	3.77	3.75	3.72	3.71	3.69	3.68	3.67
	7.60	7.52	7.39	7.31	7.23	7.14	7.09	7.02	6.99	6.94	6.90	6.88
7	3.52	3.49	3.44	3.41	3.38	3.34	3.32	3.29	3.28	3.25	3.24	3.23
	6.35	6.27	6.15	6.07	5.98	5.90	5.85	5.78	5.75	5.70	5.67	5.65
8	3.23	3.20	3.15	3.12	3.08	3.05	3.03	3.00	2.98	2.96	2.94	2.93
	5.56	5.48	5.36	5.28	5.20	5.11	5.06	5.00	4.96	4.91	4.88	4.86
9	3.02	2.98	2.93	2.90	2.86	2.82	2.80	2.77	2.76	2.73	2.72	2.71
	5.00	4.92	4.80	4.73	4.64	4.56	4.51	4.45	4.41	4.36	4.33	4.31
10	2.86	2.82	2.77	2.74	2.70	2.67	2.64	2.61	2.59	2.56	2.55	2.54
	4.60	4.52	4.41	4.33	4.25	4.17	4.12	4.05	4.01	3.96	3.93	3.91
11	2.74	2.70	2.65	2.61	2.57	2.53	2.50	2.47	2.45	2.42	2.41	2.40
	4.29	4.21	4.06	4.02	3.94	3.86	3.80	3.74	3.70	3.66	3.62	3.60
12	2.64	2.60	2.54	2.50	2.46	2.42	2.40	2.36	2.35	2.32	2.31	2.30
	4.05	3.98	3.86	3.78	3.70	3.61	3.56	3.49	3.46	3.41	3.38	3.36
13	2.55	2.51	2.46	2.42	2.38	2.34	2.32	2.28	2.26	2.24	2.22	2.21
	3.85	3.78	3.67	3.59	3.51	3.42	3.37	3.30	3.27	3.21	3.18	3.16
14	2.48	2.44	2.39	2.35	2.31	2.27	2.24	2.21	2.19	2.16	2.14	2.13
	3.70	3.62	3.51	3.43	3.34	3.26	3.21	3.14	3.11	3.06	3.02	3.00
15	2.43	2.39	2.33	2.29	2.25	2.21	2.18	2.15	2.12	2.10	2.08	2.07
	3.56	3.48	3.36	2.29	3.20	3.12	3.07	3.00	2.97	2.92	2.80	2.87
16	2.37	2.33	2.28	2.24	2.20	2.16	2.13	2.09	2.07	2.04	2.02	2.01
	3.45	3.37	3.25	3.18	3.10	3.01	2.96	2.89	2.86	2.80	2.77	2.75
17	2.33	2.29	2.23	2.19	2.15	2.11	2.08	2.04	2.02	1.99	1.97	1.96
	3.35	3.27	3.16	3.08	3.0	2.92	2.86	2.79	2.76	2.70	2.67	2.65
18	2.29	2.25	2.19	2.15	2.11	2.07	2.04	2.00	1.98	1.95	1.93	1.92
	3.27	3.19	3.07	3.00	2.91	2.83	2.78	2.71	2.68	2.62	2.59	2.57
19	2.26	2.21	2.15	2.11	2.07	2.02	2.00	1.96	1.94	1.91	1.90	1.88
	3.19	3.12	3.00	2.92	2.84	2.76	2.70	2.63	2.60	2.54	2.51	2.49
20	2.23	2.18	2.12	2.08	2.04	1.99	1.96	1.92	1.90	1.87	1.85	1.84
	3.13	3.05	2.94	2.86	2.77	2.69	2.63	2.56	2.53	2.47	2.44	2.42
22	2.18	2.13	2.07	2.02	1.98	1.93	1.91	1.87	1.84	1.81	1.80	1.78
	3.02	2.94	2.83	2.75	2.67	2.58	2.53	2.46	2.42	2.37	2.33	2.31

(续表)

df_2	\multicolumn{12}{c}{df_1 (较大均方的自由度)}
	1	2	3	4	5	6	7	8	9	10	11	12
24	4.26	3.40	3.01	2.78	2.62	2.51	2.43	2.36	2.30	2.26	2.22	2.18
	7.82	5.61	4.72	4.22	3.90	3.67	3.50	3.36	3.25	3.17	3.09	3.03
26	4.22	3.37	2.95	2.74	2.59	2.47	2.39	2.32	2.27	2.22	2.18	2.15
	7.72	5.53	4.64	4.14	3.82	3.59	3.42	3.29	3.17	3.09	3.02	2.96
28	4.20	3.34	2.95	2.71	2.56	2.44	2.36	2.29	2.24	2.19	2.15	2.12
	7.64	5.45	4.57	4.07	3.76	3.53	3.36	3.23	3.11	3.03	2.95	2.90
30	4.17	3.32	2.92	2.69	2.53	2.42	2.34	2.27	2.21	2.16	2.13	2.09
	7.56	5.39	4.51	4.02	3.70	3.47	3.30	3.17	3.06	2.98	2.90	2.84
36	4.11	3.26	2.86	2.63	2.48	2.36	2.28	2.21	2.15	2.10	2.06	2.03
	7.39	5.25	4.38	3.89	3.58	3.35	3.18	3.04	2.94	2.86	2.78	2.72
42	4.07	3.22	2.83	2.59	2.44	2.32	2.24	2.17	2.11	2.66	2.02	1.99
	7.27	5.15	4.29	3.80	3.49	3.26	3.10	2.96	2.86	2.77	2.70	2.64
50	4.03	3.18	2.79	2.56	2.40	2.29	2.20	2.13	2.07	2.02	1.98	1.95
	7.17	5.06	4.20	3.72	3.41	3.18	3.02	2.88	2.78	2.70	2.62	2.56
60	4.00	3.15	2.76	2.52	2.37	2.25	2.17	2.10	2.04	1.99	1.95	1.92
	7.08	4.98	4.13	3.65	3.34	3.12	2.95	2.82	2.72	2.63	2.54	2.50
70	3.98	3.13	2.74	2.50	2.35	2.23	2.14	2.07	2.01	1.97	1.93	1.89
	7.01	4.92	4.08	3.60	3.29	3.07	2.91	2.77	2.67	2.59	2.51	2.45
80	3.96	3.11	2.72	2.48	2.33	2.21	2.12	2.05	1.99	1.95	1.91	1.88
	6.96	4.88	4.04	3.56	3.25	3.04	2.87	2.74	2.64	2.55	2.48	2.41
100	3.94	3.09	2.70	2.46	2.30	2.19	2.10	2.03	1.97	1.92	1.89	1.85
	6.90	4.82	3.98	3.51	3.20	2.99	2.82	2.69	2.59	2.51	2.43	2.36
150	3.91	3.06	2.67	2.43	2.27	2.16	2.07	2.00	1.94	1.89	1.85	1.82
	6.81	4.75	3.91	3.44	3.14	2.92	2.76	2.62	2.53	2.44	2.37	2.30
200	3.89	3.04	2.65	2.41	2.26	2.14	2.05	1.98	1.92	1.87	1.83	1.80
	6.76	4.71	3.88	3.41	3.11	2.90	2.73	2.60	2.50	2.41	2.34	2.28
400	3.86	3.02	2.62	2.39	2.23	2.12	2.03	1.96	1.90	1.85	1.81	1.78
	6.70	4.66	3.83	3.36	3.06	2.85	2.69	2.55	2.46	2.37	2.29	2.23
1000	3.85	3.00	2.64	2.36	2.22	2.10	2.02	1.95	1.89	1.84	1.80	1.76
	6.66	4.52	3.80	3.34	3.04	2.82	2.66	2.53	2.43	2.34	2.25	2.20
∞	3.84	2.99	2.60	2.37	2.21	2.09	2.01	1.94	1.88	1.83	1.79	1.75
	6.64	4.60	3.78	3.32	3.02	2.80	2.64	2.51	2.43	2.32	2.24	2.18

（续表）

df_2	\multicolumn{11}{c}{df_1 (较大均方的自由度)}
	14	16	20	24	30	40	50	75	100	200	300	∞
24	2.13	2.09	2.02	1.98	1.94	1.89	1.86	1.82	1.80	1.76	1.74	1.73
	2.93	2.85	2.74	2.66	2.58	2.49	2.44	2.36	2.33	2.27	2.23	2.21
26	2.10	2.05	1.99	1.95	1.90	1.85	1.82	1.78	1.76	1.72	1.70	1.69
	2.85	2.77	2.66	2.58	2.50	2.41	2.36	2.28	2.25	2.19	2.15	2.13
28	2.06	2.02	1.96	1.91	1.87	1.81	1.78	1.75	1.72	1.69	1.67	1.65
	2.80	2.71	2.60	2.52	2.44	2.35	2.30	2.22	2.18	2.13	2.09	2.06
30	2.04	1.99	1.93	1.89	1.84	1.79	1.76	1.72	1.69	1.66	1.64	1.62
	2.73	2.66	2.55	2.47	2.38	2.29	2.24	2.16	2.13	2.07	2.03	2.01
36	1.98	1.93	1.87	1.82	1.78	1.72	1.69	1.65	1.62	1.59	1.56	1.55
	2.62	2.54	2.43	2.35	2.26	2.17	2.12	2.04	2.00	1.94	1.90	1.87
42	1.94	1.89	1.82	1.78	1.73	1.68	1.64	1.60	1.57	1.54	1.51	1.49
	2.54	2.46	2.35	2.26	2.17	2.08	2.02	1.94	1.91	1.85	1.80	1.78
50	1.90	1.85	1.78	1.74	1.69	1.63	1.60	1.55	1.52	1.48	1.46	1.44
	2.46	2.39	2.26	2.18	2.10	2.00	1.94	1.86	1.82	1.76	1.71	1.68
60	1.86	1.81	1.75	1.70	1.65	1.59	1.56	1.50	1.48	1.44	1.41	1.39
	2.40	2.30	2.20	2.12	2.03	1.93	1.87	1.79	1.74	1.68	1.63	1.60
70	1.84	1.79	1.72	1.67	1.62	1.56	1.53	1.47	1.45	1.40	1.37	1.35
	2.35	2.28	2.15	2.07	1.98	1.88	1.82	1.74	1.69	1.62	1.56	1.53
80	1.82	1.77	1.70	1.65	1.60	1.54	1.51	1.45	1.42	1.38	1.35	1.32
	2.32	2.24	2.11	2.03	1.94	1.84	1.78	1.70	1.65	1.57	1.52	1.49
100	1.79	1.75	1.68	1.63	1.57	1.51	1.48	1.42	1.39	1.34	1.30	1.28
	2.26	2.19	2.06	1.98	1.89	1.79	1.73	1.64	1.59	1.51	1.46	1.43
150	1.76	1.71	1.64	1.59	1.54	1.47	1.44	1.37	1.34	1.29	1.25	1.22
	2.20	2.12	2.00	1.91	1.83	1.72	1.66	1.56	1.51	1.43	1.37	1.33
200	1.74	1.69	1.62	1.57	1.52	1.45	1.42	1.35	1.32	1.26	1.22	1.19
	2.17	2.09	1.97	1.88	1.79	1.69	1.62	1.53	1.48	1.39	1.33	1.28
400	1.72	1.67	1.60	1.54	1.49	1.42	1.38	1.32	1.28	1.22	1.16	1.13
	2.12	2.04	1.92	1.84	1.74	1.64	1.57	1.47	1.42	1.32	1.24	1.19
1000	1.70	1.65	1.58	1.53	1.47	1.41	1.36	1.30	1.26	1.19	1.13	1.08
	2.09	2.01	1.89	1.81	1.71	1.61	1.54	1.44	1.38	1.28	1.19	1.11
∞	1.69	1.64	1.57	1.52	1.46	1.40	1.35	1.28	1.24	1.17	1.11	1.00
	2.07	1.99	1.87	1.79	1.69	1.59	1.52	1.41	1.36	1.25	1.15	1.00

附表5　q值表

自由度 df	显著水平 α	秩次距 k																	
		2	3	4	5	6	7	8	9	10	11	12	13	14	15	16	17	18	19	20
2	0.05	6.08	8.33	9.80	10.83	11.74	12.44	13.03	13.54	13.99	14.39	14.75	15.08	15.38	15.65	15.91	16.14	16.37	16.57	16.77
	0.01	14.04	19.02	22.29	24.72	26.63	28.20	29.53	30.68	31.69	32.59	33.40	34.13	34.81	35.43	36.00	36.53	37.03	37.50	37.95
3	0.05	4.50	5.91	6.82	7.50	8.04	8.48	8.85	9.18	9.46	9.72	9.95	10.15	10.35	10.52	10.84	10.69	10.98	11.11	11.24
	0.01	8.26	10.62	12.27	13.33	14.24	15.00	15.64	16.20	16.69	17.13	17.53	17.89	18.22	18.52	19.07	18.81	19.32	19.55	19.77
4	0.05	3.93	5.04	5.76	6.29	6.71	7.05	7.35	7.60	7.83	8.03	8.21	8.37	8.52	8.66	8.79	8.91	9.03	9.13	9.23
	0.01	6.51	80.12	9.17	9.96	10.85	11.10	11.55	11.93	12.27	12.57	12.84	13.09	13.32	13.53	13.73	13.91	14.08	14.24	14.40
5	0.05	3.64	4.60	5.22	5.67	6.03	6.33	6.58	6.80	6.99	7.17	7.32	7.47	7.60	7.72	7.83	7.93	8.03	8.12	8.21
	0.01	5.70	6.98	7.80	8.42	8.91	9.32	9.67	9.97	10.24	10.48	10.70	10.89	11.08	11.24	11.40	11.55	11.68	11.81	11.93
6	0.05	3.46	4.34	4.90	5.30	5.63	5.90	6.12	6.32	6.49	6.65	6.79	6.92	7.03	7.14	7.24	7.34	7.43	7.51	7.59
	0.01	5.24	6.33	7.03	7.56	7.97	8.32	8.61	8.87	9.10	9.30	9.48	9.65	9.81	9.95	10.08	10.21	10.32	10.43	10.54
7	0.05	3.35	4.16	4.68	5.06	5.36	5.61	5.82	6.00	6.16	6.30	6.43	6.55	6.66	6.76	6.85	6.94	7.02	7.10	7.17
	0.01	4.95	5.92	6.54	7.01	7.37	7.68	7.94	8.17	8.37	8.55	8.71	8.86	9.00	9.12	9.24	9.35	9.46	9.55	9.65
8	0.05	3.26	4.04	4.53	4.89	5.17	5.40	5.60	5.77	5.92	6.05	6.18	6.29	6.39	6.48	6.57	6.65	6.73	6.80	6.87
	0.01	4.74	5.64	6.20	6.62	6.96	7.24	7.47	7.68	7.86	8.03	8.18	8.31	8.44	8.55	8.66	8.76	8.85	8.94	9.03
9	0.05	3.20	3.95	4.41	4.76	5.02	5.24	5.43	5.59	5.74	5.87	5.98	6.09	6.19	6.28	6.36	6.44	6.51	6.58	6.64
	0.01	4.60	5.43	5.96	6.35	6.66	6.91	7.13	7.33	7.49	7.65	7.78	7.91	8.03	8.13	8.23	8.33	8.41	8.49	8.57
10	0.05	3.15	3.88	4.33	4.65	4.91	5.12	5.30	5.46	5.60	5.72	5.83	5.93	6.03	6.11	6.19	6.27	6.34	6.40	6.47
	0.01	4.48	5.27	5.77	6.14	6.43	6.67	6.87	7.05	7.21	7.36	7.48	7.60	7.71	7.81	7.91	7.99	8.08	8.15	8.23
11	0.05	3.11	3.82	4.26	4.57	4.82	5.03	5.20	5.35	5.49	5.61	5.71	5.81	5.90	5.98	6.06	6.13	6.20	6.27	6.33
	0.01	4.39	5.15	5.62	5.97	6.25	6.48	6.67	6.84	6.99	7.13	7.25	7.36	7.46	7.56	7.65	7.73	7.81	7.88	7.95
12	0.05	3.08	3.77	4.20	4.51	4.75	4.95	5.12	5.27	5.39	5.51	5.61	5.71	5.80	5.88	5.95	6.02	6.09	6.15	6.21
	0.01	4.32	5.05	5.55	5.84	6.10	6.32	6.51	6.67	6.81	6.94	7.06	7.17	7.26	7.36	7.44	7.52	7.59	7.66	7.73
13	0.05	3.06	3.73	4.15	4.45	4.69	4.88	5.05	5.19	5.32	5.45	5.53	5.63	5.71	5.79	5.86	5.93	5.99	6.05	6.11
	0.01	4.26	4.96	5.40	5.73	5.98	6.19	6.37	6.53	6.67	6.79	6.90	7.01	7.10	7.19	7.27	7.35	7.42	7.48	7.55
14	0.05	3.03	3.70	4.11	4.41	4.64	4.83	4.99	5.13	5.25	5.36	5.46	5.55	5.64	5.71	5.79	5.85	5.91	5.97	6.03
	0.01	4.21	4.89	5.23	5.63	5.88	6.08	6.26	6.41	6.54	6.66	6.77	6.87	6.96	7.05	7.13	7.20	7.27	7.33	7.39

（续表）

自由度 df	显著水平 α	\multicolumn{19}{c}{秩次距 k}
		2	3	4	5	6	7	8	9	10	11	12	13	14	15	16	17	18	19	20
15	0.05	3.01	3.67	4.08	4.37	4.59	4.78	4.94	5.08	5.20	5.31	5.40	5.49	5.57	5.65	5.72	5.78	5.85	5.90	5.96
	0.01	4.17	4.84	5.25	5.56	5.80	5.99	6.16	6.31	6.44	6.55	6.66	6.76	6.84	6.93	7.00	7.07	7.14	7.20	7.26
16	0.05	3.00	3.65	4.05	4.33	4.56	4.74	4.90	5.03	5.15	5.26	5.35	5.44	5.52	5.59	5.66	5.73	5.79	5.84	5.90
	0.01	4.13	4.79	5.19	5.49	5.72	5.92	6.08	6.22	6.35	6.46	6.56	6.66	6.74	6.82	6.90	6.97	7.03	7.09	7.15
17	0.05	2.98	3.63	4.02	4.30	4.52	4.70	4.86	4.99	5.11	5.21	5.31	5.39	5.47	5.54	5.61	5.67	5.73	5.79	5.84
	0.01	4.10	4.74	5.14	5.43	5.66	5.85	6.01	6.15	6.27	6.38	6.48	6.57	6.66	6.73	6.81	6.87	6.94	7.00	7.05
18	0.05	2.97	3.61	4.00	4.28	4.49	4.67	4.82	4.96	5.07	5.17	5.27	5.35	5.43	5.50	5.57	5.63	5.69	5.74	5.79
	0.01	4.07	4.70	5.09	5.38	5.60	5.79	5.94	6.08	6.20	6.31	6.41	6.50	6.58	6.65	6.73	6.79	6.85	6.91	6.97
19	0.05	2.96	3.59	3.98	4.25	4.47	4.65	4.79	4.92	5.04	5.14	5.23	5.31	5.39	5.46	5.53	5.59	5.65	5.70	5.75
	0.01	4.05	4.67	5.05	5.33	5.55	5.73	5.89	6.02	6.14	6.25	6.34	6.43	6.51	6.58	6.65	6.72	6.78	6.84	6.89
20	0.05	2.95	3.58	3.96	4.23	4.45	4.62	4.77	4.90	5.01	5.11	5.20	5.28	5.36	5.43	5.49	5.55	5.61	5.66	5.71
	0.01	4.02	4.64	5.02	5.29	5.51	5.69	5.84	5.97	6.09	6.19	6.28	6.37	6.45	6.52	6.59	6.65	6.71	6.77	6.82
24	0.05	2.92	3.53	3.90	4.17	4.37	4.54	4.68	4.81	4.92	5.01	5.10	5.18	5.25	5.32	5.38	5.44	5.49	5.55	5.59
	0.01	3.96	4.55	4.91	5.17	5.37	5.54	5.69	5.81	5.92	6.02	6.11	6.19	6.26	6.33	6.39	6.45	6.51	6.56	6.61
30	0.05	2.89	3.49	3.85	4.10	4.30	4.46	4.60	4.72	4.82	4.92	5.00	5.08	5.15	5.21	5.27	5.33	5.38	5.43	5.47
	0.01	3.89	4.45	4.80	5.05	5.24	5.40	5.54	5.65	5.76	5.85	5.93	6.01	6.08	6.14	6.20	6.26	6.31	6.36	6.41
40	0.05	2.86	3.44	3.79	4.04	4.23	4.39	4.52	4.63	4.73	4.82	4.90	4.98	5.04	5.11	5.16	5.22	5.27	5.31	5.36
	0.01	3.82	4.37	4.70	4.93	5.11	5.26	5.39	5.50	5.60	5.69	5.76	5.83	5.90	5.96	6.02	6.07	6.12	6.16	6.21
60	0.05	2.83	3.40	3.74	3.98	4.16	4.31	4.44	4.55	4.65	4.73	4.81	4.88	4.94	5.00	5.06	5.11	5.15	5.20	5.24
	0.01	3.76	4.28	4.59	4.82	4.99	5.13	5.25	5.36	5.45	5.53	5.60	5.67	5.73	5.78	5.84	5.89	5.93	5.97	6.01
120	0.05	2.80	3.36	3.68	3.92	4.10	4.24	4.36	4.47	4.56	4.64	4.71	4.78	4.84	4.90	4.95	5.00	5.04	5.09	5.13
	0.01	3.70	4.20	4.50	4.71	4.87	5.01	5.12	5.21	5.30	5.37	5.44	5.50	5.56	5.61	5.66	5.71	5.75	5.79	5.85
∞	0.05	2.77	3.31	3.63	3.86	4.03	4.17	4.29	4.39	4.47	4.55	4.62	4.68	4.74	4.80	4.85	4.89	4.93	4.97	5.01
	0.01	3.64	4.12	4.40	4.60	4.76	4.88	4.99	5.08	5.16	5.23	5.29	5.35	5.40	5.45	5.49	5.54	5.57	5.61	5.65

附表6　SSR值表

自由度 df	显著水平 α	\multicolumn{14}{c}{秩次距 k}
		2	3	4	5	6	7	8	9	10	12	14	16	18	20
1	0.05	18.0	18.0	18.0	18.0	18.0	18.0	18.0	18.0	18.0	18.0	18.0	18.0	18.0	18.0
	0.01	90.0	90.0	90.0	90.0	90.0	90.0	90.0	90.0	90.0	90.0	90.0	90.0	90.0	90.0
2	0.05	6.09	6.09	6.09	6.09	6.09	6.09	6.09	6.09	6.09	6.09	6.09	6.09	6.09	6.09
	0.01	14.0	14.0	14.0	14.0	14.0	14.0	14.0	14.0	14.0	14.0	14.0	14.0	14.0	14.0
3	0.05	4.50	4.50	4.50	4.50	4.50	4.50	4.50	4.50	4.50	4.50	4.50	4.50	4.50	4.50
	0.01	8.26	8.50	8.60	8.70	8.80	8.90	8.90	9.00	9.00	9.00	9.10	9.20	9.30	9.30
4	0.05	3.93	4.00	4.02	4.02	4.02	4.02	4.02	4.02	4.02	4.02	4.02	4.02	4.02	4.02
	0.01	6.51	6.80	6.90	7.00	7.10	7.10	7.20	7.20	7.30	7.30	7.40	7.40	7.50	7.50
5	0.05	3.64	3.74	3.79	3.83	3.83	3.83	3.83	3.83	3.83	3.83	3.83	3.83	3.83	3.83
	0.01	5.70	5.96	6.11	6.18	6.26	6.33	6.40	6.44	6.50	6.60	6.60	6.70	6.70	6.80
6	0.05	3.46	3.58	3.64	3.68	3.68	3.68	3.68	3.68	3.68	3.68	3.68	3.68	3.68	3.68
	0.01	5.24	5.51	5.65	5.73	5.81	5.88	5.95	6.00	6.00	6.10	6.20	6.20	6.30	6.30
7	0.05	3.35	3.47	3.54	3.58	3.60	3.61	3.61	3.61	3.61	3.61	3.61	3.61	3.61	3.61
	0.01	4.95	5.22	5.37	5.45	5.53	5.61	5.69	5.73	5.80	5.80	5.90	5.90	6.00	6.00
8	0.05	3.26	3.39	3.47	3.52	3.55	3.56	3.56	3.56	3.56	3.56	3.56	3.56	3.56	3.56
	0.01	4.74	5.00	5.14	5.23	5.32	5.40	5.47	5.51	5.5	5.6	5.7	5.7	5.8	5.8
9	0.05	3.20	3.34	3.41	3.47	3.50	3.51	3.52	3.52	3.52	3.52	3.52	3.52	3.52	3.52
	0.01	4.60	4.86	4.99	5.08	5.17	5.25	5.32	5.36	5.40	5.50	5.50	5.60	5.70	5.70
10	0.05	3.15	3.30	3.37	3.43	3.46	3.47	3.47	3.47	3.47	3.47	3.47	3.47	3.47	3.48
	0.01	4.48	4.73	4.88	4.96	5.06	5.12	5.20	5.24	5.28	5.36	5.42	5.48	5.54	5.55
11	0.05	3.11	3.27	3.35	3.39	3.43	3.44	3.45	3.46	3.46	3.46	3.46	3.46	3.47	3.48
	0.01	4.39	4.63	4.77	4.86	4.94	5.01	5.06	5.12	5.15	5.24	5.28	5.34	5.38	5.39
12	0.05	3.08	3.23	3.33	3.36	3.48	3.42	3.44	3.44	3.46	3.46	3.46	3.46	3.47	3.48
	0.01	4.32	4.55	4.68	4.76	4.84	4.92	4.96	5.02	5.07	5.13	5.17	5.22	5.24	5.26
13	0.05	3.06	3.21	3.30	3.36	3.38	3.41	3.42	3.44	3.45	3.45	3.46	3.46	3.47	3.47
	0.01	4.26	4.48	4.62	4.69	4.74	4.84	4.88	4.94	4.98	5.04	5.08	5.13	5.14	5.15
14	0.05	3.03	3.18	3.27	3.33	3.37	3.39	3.41	3.42	3.44	3.45	3.46	3.46	3.47	3.47
	0.01	4.21	4.42	4.55	4.63	4.70	4.78	4.83	4.87	4.91	4.96	5.00	5.04	5.06	5.07

（续表）

自由度 df	显著水平 α	\multicolumn{13}{c}{秩次距 k}
		2	3	4	5	6	7	8	9	10	12	14	16	18	20
15	0.05	3.01	3.16	3.25	3.31	3.36	3.38	3.40	3.42	3.43	3.44	3.45	3.46	3.47	3.47
	0.01	4.17	4.37	4.50	4.58	4.64	4.72	4.77	4.81	4.84	4.90	4.94	4.97	4.99	5.00
16	0.05	3.00	3.15	3.23	3.30	3.34	3.37	3.39	3.41	3.43	3.44	3.45	3.46	3.47	3.47
	0.01	4.13	4.34	4.45	4.54	4.60	4.67	4.72	4.76	4.79	4.84	4.88	4.91	4.93	4.94
17	0.05	2.98	3.13	3.22	3.28	3.33	3.36	3.38	3.40	3.42	3.44	3.45	3.46	3.47	3.47
	0.01	4.10	4.30	4.41	4.50	4.56	4.63	4.68	4.72	4.75	4.80	4.83	4.86	4.88	4.89
18	0.05	2.97	3.12	3.21	3.27	3.32	3.35	3.37	3.39	3.41	3.43	3.45	3.46	3.47	3.47
	0.01	4.07	4.27	4.38	4.46	4.53	4.59	4.64	4.68	4.71	4.76	4.79	4.82	4.84	4.85
19	0.05	2.96	3.11	3.19	3.26	3.31	3.35	3.37	3.39	3.41	3.43	3.44	3.46	3.47	3.47
	0.01	4.05	4.24	4.35	4.43	4.50	4.56	4.61	4.64	4.67	4.72	4.76	4.79	4.81	4.82
20	0.05	2.95	3.10	3.18	3.25	3.30	3.34	3.36	3.38	3.40	3.43	3.44	3.46	3.46	3.47
	0.01	4.02	4.22	4.33	4.40	4.47	4.53	4.58	4.61	4.65	4.69	4.73	4.76	4.78	4.79
22	0.05	2.93	3.08	3.17	3.24	3.29	3.32	3.35	3.37	3.39	3.42	3.44	3.45	3.46	3.47
	0.01	3.99	4.17	4.28	4.36	4.42	4.48	4.53	4.57	4.60	4.65	4.68	4.71	4.74	4.75
24	0.05	2.92	3.07	3.15	3.22	3.28	3.31	3.34	3.37	3.38	3.41	3.44	3.45	3.46	3.47
	0.01	3.96	4.14	4.24	4.33	4.39	4.44	4.49	4.53	4.57	4.62	4.64	4.67	4.70	4.72
26	0.05	2.91	3.06	3.14	3.21	3.27	3.30	3.34	3.36	3.38	3.41	3.43	3.45	3.46	3.47
	0.01	3.93	4.11	4.21	4.30	4.36	4.41	4.46	4.50	4.53	4.58	4.62	4.65	4.67	4.69
28	0.05	2.90	3.04	3.13	3.20	3.26	3.30	3.33	3.35	3.37	3.40	3.43	3.45	3.46	3.47
	0.01	3.91	4.08	4.18	4.28	4.34	4.39	4.43	4.47	4.51	4.56	4.60	4.62	4.65	4.67
30	0.05	2.89	3.04	3.12	3.20	3.25	3.29	3.32	3.35	3.37	3.40	3.43	3.44	3.46	3.47
	0.01	3.89	4.06	4.16	4.22	4.32	4.36	4.41	4.45	4.48	4.54	4.58	4.61	4.63	4.65
40	0.05	2.86	3.01	3.10	3.17	3.22	3.27	3.30	3.33	3.35	3.39	3.42	3.44	3.46	3.47
	0.01	3.82	3.99	4.10	4.17	4.24	4.30	4.31	4.37	4.41	4.46	4.51	4.54	4.57	4.59
60	0.05	2.83	2.98	3.08	3.14	3.20	3.24	3.28	3.31	3.33	3.37	3.40	3.43	3.45	3.47
	0.01	3.76	3.92	4.03	4.12	4.17	4.23	4.27	4.31	4.34	4.39	4.44	4.47	4.50	4.53
100	0.05	2.80	2.95	3.05	3.12	3.18	3.22	3.26	3.29	3.32	3.36	3.40	3.42	3.45	3.47
	0.01	3.71	3.86	3.98	4.06	4.11	4.17	4.21	4.25	4.29	4.35	4.38	4.42	4.45	4.48
∞	0.05	2.77	2.92	3.02	3.09	3.15	3.19	3.23	3.26	3.29	3.34	3.38	3.41	3.44	3.47
	0.01	3.64	3.80	3.90	3.98	4.04	4.09	4.14	4.17	4.20	4.26	4.31	4.34	4.38	4.41

附表7 χ^2值表(右尾)

自由度 df	概率 p									
	0.995	9.990	0.975	0.950	0.900	0.100	0.050	0.025	0.010	0.005
1					0.02	2.71	3.84	5.02	6.63	7.88
2	0.01	0.02	0.05	0.10	0.21	4.61	5.99	7.38	9.21	10.60
3	0.07	0.11	0.22	0.35	0.58	6.25	7.81	9.35	11.34	12.84
4	0.21	0.30	0.48	0.71	1.06	7.78	9.49	11.14	13.28	14.86
5	0.41	0.55	0.83	1.15	1.61	9.24	11.07	12.83	15.09	16.75
6	0.68	0.87	1.24	1.64	2.20	10.64	12.59	14.45	16.81	18.55
7	0.99	1.24	1.69	2.17	2.83	12.02	14.07	16.01	18.48	20.28
8	1.34	1.65	2.18	2.73	3.49	13.36	15.51	17.53	20.09	21.96
9	1.73	2.09	2.70	3.33	4.17	14.68	16.92	19.02	21.69	23.59
10	2.16	2.56	3.25	3.94	4.87	15.99	18.31	20.48	23.21	25.19
11	2.60	3.05	3.82	4.57	5.58	17.28	19.68	21.92	24.72	26.76
12	3.07	3.57	4.40	5.23	6.30	18.55	21.03	23.34	26.22	28.30
13	3.57	4.11	5.01	5.89	7.04	19.81	22.36	24.74	27.69	29.82
14	4.07	4.66	5.63	6.57	7.79	21.06	23.68	26.12	29.14	31.32
15	4.60	5.23	6.27	7.26	8.55	22.31	25.00	27.49	30.58	32.80
16	5.14	5.81	6.91	7.96	9.31	23.54	26.30	28.85	32.00	34.27
17	5.70	6.41	7.56	8.67	10.09	24.77	27.59	30.19	33.41	35.72
18	6.26	7.01	8.23	9.39	10.86	25.99	28.87	31.53	34.81	37.16
19	5.84	7.63	8.91	10.12	11.65	27.20	30.14	32.85	36.19	38.58
20	7.43	8.26	9.59	10.85	12.44	28.41	31.41	34.17	37.57	40.00
21	8.03	8.90	10.28	11.59	13.24	29.62	32.67	35.48	38.93	41.40
22	8.64	9.54	10.98	12.34	14.04	30.81	33.92	36.78	40.29	42.80
23	9.26	10.20	11.69	13.09	14.85	32.01	35.17	38.08	41.64	44.18
24	9.89	10.86	12.40	13.85	15.66	33.20	36.42	39.36	42.98	45.56
25	10.52	11.52	13.12	14.61	16.47	34.38	37.65	40.65	44.31	46.93
26	11.16	12.20	13.84	15.38	17.29	35.56	38.89	41.92	45.61	48.29
27	11.81	12.88	14.57	16.15	18.11	36.74	40.11	43.19	46.96	49.64

(续表)

自由度 df	概率 p									
	0.995	9.990	0.975	0.950	0.900	0.100	0.050	0.025	0.010	0.005
28	12.46	13.56	15.31	16.93	18.94	37.92	41.34	44.46	48.28	50.99
29	13.12	14.26	16.05	17.71	19.77	39.09	42.56	45.72	49.59	52.34
30	13.79	14.95	16.79	18.49	20.60	40.26	43.77	46.98	50.89	53.67
40	20.71	22.16	24.43	26.51	29.05	51.80	55.76	59.34	63.69	66.77
50	27.99	29.71	32.36	34.76	37.69	63.17	67.50	71.42	76.15	79.49
60	35.53	37.48	40.48	43.19	46.46	74.40	79.08	83.30	88.38	91.95
70	43.28	45.44	48.76	51.74	55.33	85.53	90.53	95.02	100.42	104.22
80	51.17	53.54	57.15	60.39	64.28	96.58	101.88	106.03	112.33	116.32
90	59.20	61.75	65.65	69.13	73.29	107.56	113.14	118.14	124.12	128.30
100	67.33	70.06	74.22	77.93	82.36	118.50	124.34	129.56	135.81	140.17

附表8　　r 与 R 显著数值表

自由度 df	显著水平 α	变量总个数 M				自由度 df	显著水平 α	变量总个数 M			
		2	3	4	5			2	3	4	5
1	0.05	0.997	0.997	0.999	0.999	24	0.05	0.388	0.470	0.523	0.562
	0.01	1.000	1.000	1.000	1.000		0.01	0.496	0.565	0.609	0.642
2	0.05	0.950	0.975	0.983	0.987	25	0.05	0.381	0.462	0.514	0.553
	0.01	0.990	0.995	0.997	0.998		0.01	0.487	0.555	0.600	0.633
3	0.05	0.878	0.930	0.950	0.961	26	0.05	0.374	0.454	0.506	0.545
	0.01	0.59	0.976	0.982	0.987		0.01	0.478	0.546	0.590	0.624
4	0.05	0.811	0.881	0.912	0.930	27	0.05	0.367	0.446	0.498	0.536
	0.01	0.917	0.949	0.962	0.970		0.01	0.470	0.538	0.582	0.615
5	0.05	0.754	0.863	0.874	0.898	28	0.05	0.361	0.439	0.490	0.529
	0.01	0.874	0.917	0.937	0.949		0.01	0.463	0.530	0.573	0.606
6	0.05	0.707	0.795	0.839	0.867	29	0.05	0.355	0.432	0.482	0.521
	0.01	0.834	0.886	0.911	0.927		0.01	0.456	0.522	0.565	0.598
7	0.05	0.666	0.758	0.807	0.838	30	0.05	0.349	0.426	0.476	0.514
	0.01	0.798	0.855	0.885	0.904		0.01	0.449	0.514	0.558	0.519
8	0.05	0.632	0.726	0.777	0.811	35	0.05	0.325	0.397	0.445	0.482
	0.01	0.765	0.827	0.860	0.882		0.01	0.418	0.481	0.523	0.556

（续表）

自由度 df	显著水平 α	变量总个数 M				自由度 df	显著水平 α	变量总个数 M			
		2	3	4	5			2	3	4	5
9	0.05	0.602	0.697	0.750	0.786	40	0.05	0.304	0.373	0.419	0.455
	0.01	0.735	0.800	0.836	0.861		0.01	0.393	0.454	0.494	0.526
10	0.05	0.576	0.671	0.726	0.763	45	0.05	0.288	0.353	0.397	0.432
	0.01	0.708	0.776	0.814	0.840		0.01	0.372	0.430	0.470	0.501
11	0.05	0.553	0.648	0.703	0.741	50	0.05	0.273	0.336	0.379	0.412
	0.01	0.684	0.753	0.793	0.821		0.01	0.354	0.410	0.449	0.479
12	0.05	0.532	0.627	0.683	0.722	60	0.05	0.250	0.308	0.348	0.380
	0.01	0.661	0.732	0.773	0.802		0.01	0.325	0.377	0.414	0.442
13	0.05	0.514	0.608	0.664	0.703	70	0.05	0.232	0.286	0.324	0.354
	0.01	0.641	0.712	0.755	0.785		0.01	0.302	0.351	0.386	0.413
14	0.05	0.497	0.590	0.646	0.686	80	0.05	0.217	0.269	0.304	0.332
	0.01	0.623	0.694	0.737	0.768		0.01	0.283	0.330	0.362	0.389
15	0.05	0.482	0.574	0.630	0.670	90	0.05	0.205	0.254	0.288	0.315
	0.01	0.606	0.677	0.721	0.752		0.01	0.267	0.312	0.343	0.368
16	0.05	0.468	0.559	0.615	0.655	100	0.05	0.195	0.241	0.274	0.300
	0.01	0.590	0.662	0.706	0.738		0.01	0.254	0.297	0.327	0.351
17	0.05	0.456	0.545	0.601	0.641	125	0.05	0.174	0.216	0.246	0.269
	0.01	0.575	0.647	0.691	0.724		0.01	0.228	0.266	0.294	0.316
18	0.05	0.444	0.532	0.587	0.628	150	0.05	0.159	0.198	0.225	0.247
	0.01	0.561	0.633	0.678	0.710		0.01	0.208	0.244	0.270	0.290
19	0.05	0.433	0.520	0.575	0.615	200	0.05	0.138	0.172	0.196	0.215
	0.01	0.549	0.620	0.665	0.698		0.01	0.181	0.212	0.234	0.253
20	0.05	0.423	0.509	0.563	0.604	300	0.05	0.113	0.141	0.160	0.176
	0.01	0.537	0.608	0.652	0.685		0.01	0.148	0.174	0.192	0.208
21	0.05	0.413	0.498	0.522	0.592	400	0.05	0.098	0.122	0.139	0.153
	0.01	0.526	0.596	0.641	0.674		0.01	0.128	0.151	0.167	0.180
22	0.05	0.404	0.488	0.542	0.582	500	0.05	0.088	0.109	0.124	0.137
	0.01	0.515	0.585	0.630	0.663		0.01	0.115	0.135	0.150	0.162
23	0.05	0.396	0.479	0.532	0.572	1000	0.05	0.062	0.077	0.088	0.097
	0.01	0.505	0.574	0.619	0.652		0.01	0.081	0.096	0.106	0.115

附表9　随机数字表(Ⅰ)

03 47 44 73 86	36 96 47 36 61	46 98 63 71 62	33 26 16 80 45	60 11 14 10 95
97 74 24 67 62	42 81 14 57 20	42 53 32 37 32	27 07 36 07 51	24 51 79 89 73
16 76 62 27 66	56 50 26 71 07	32 90 79 78 53	13 55 38 58 59	88 97 54 14 10
12 56 85 99 26	96 96 68 27 31	05 03 72 93 15	57 12 10 14 21	88 26 49 81 76
55 59 56 35 64	38 54 82 46 22	31 62 43 09 90	06 18 44 32 53	23 83 01 50 30
16 22 77 94 39	49 54 43 54 82	17 37 93 23 78	87 35 20 96 43	84 26 34 91 64
84 42 17 53 31	57 24 55 06 88	77 04 74 47 67	21 76 33 50 25	83 92 12 06 76
63 01 63 78 59	16 95 55 67 19	98 10 50 71 75	12 86 73 58 07	44 39 52 38 79
33 21 12 34 29	78 64 56 07 82	52 42 07 44 38	15 51 00 13 42	99 66 02 79 54
57 60 86 32 44	09 47 27 96 54	49 17 46 09 62	90 52 84 77 27	08 02 73 43 28
18 18 07 92 46	44 17 16 58 09	79 83 86 19 62	06 76 50 03 10	55 23 64 05 05
26 62 38 97 75	84 16 07 44 99	83 11 46 32 24	20 14 85 88 45	10 93 72 88 71
23 43 40 64 74	82 97 77 77 81	07 45 32 14 08	32 98 94 07 72	93 83 79 10 75
52 36 28 19 95	50 92 26 11 97	00 56 76 31 38	80 22 02 53 53	86 60 42 04 53
37 85 94 35 12	43 39 50 08 30	42 34 07 96 88	54 42 06 87 98	35 85 29 48 39
70 29 17 12 13	40 33 20 38 26	13 89 51 03 74	17 76 37 13 04	07 74 21 19 30
56 62 18 37 35	96 83 50 87 75	97 12 25 93 47	70 33 24 03 54	97 77 46 44 80
99 49 57 22 77	88 42 95 45 72	16 64 36 16 00	04 43 18 66 79	94 77 24 21 90
16 08 15 04 72	33 27 14 34 09	45 59 34 68 49	12 72 07 34 45	99 27 72 95 14
31 16 93 32 43	50 27 89 87 19	20 15 37 00 49	52 85 66 60 44	38 68 88 11 30
68 34 30 13 70	55 74 30 77 40	44 22 78 84 26	04 33 46 09 52	68 07 97 06 57
74 57 25 65 76	59 29 97 68 60	71 91 38 67 54	03 58 18 24 76	15 54 55 95 52
27 42 37 86 53	48 55 90 65 72	96 57 69 36 30	96 46 92 42 45	97 60 49 04 91
00 39 68 29 61	66 37 32 20 30	77 84 57 03 29	10 45 65 04 26	11 04 96 67 24
29 94 98 94 24	68 49 69 10 82	53 75 91 93 30	34 25 20 57 27	40 48 73 51 92

（续表）

16 90 82 66 59	83 62 64 11 12	69 19 00 71 74	60 47 21 28 68	02 02 37 03 31
11 27 94 75 06	06 09 19 74 66	02 94 37 34 02	76 70 90 30 86	38 45 94 30 38
35 24 10 16 20	33 32 51 26 38	79 78 45 04 91	16 92 53 56 16	02 75 50 95 98
38 23 16 86 38	42 38 97 01 50	87 75 66 81 41	40 01 74 91 62	48 51 84 08 32
31 96 25 91 47	96 44 33 49 13	34 86 82 53 91	00 52 43 48 85	27 55 26 89 62
66 67 40 67 14	64 05 71 95 86	11 05 65 09 68	76 83 20 37 90	57 16 00 11 66
14 90 84 45 11	75 73 88 05 90	52 27 41 14 86	22 98 12 22 08	07 52 74 95 80
68 05 51 58 00	33 96 02 75 19	07 60 62 93 55	59 33 82 43 90	49 37 38 44 59
20 46 78 73 90	97 51 40 14 02	04 02 33 31 08	39 54 16 49 36	47 95 93 13 30
64 19 58 97 79	15 06 15 93 20	01 90 10 75 06	40 78 78 89 62	02 67 74 17 33
05 26 93 70 60	22 35 85 15 13	92 03 51 59 77	59 56 78 06 83	52 91 05 70 74
07 97 10 88 23	09 98 42 99 64	61 71 63 99 15	06 51 29 16 93	58 05 77 09 51
68 71 86 85 85	54 87 66 47 54	73 32 08 11 12	44 95 92 63 16	29 56 24 29 48
26 99 61 65 53	58 37 78 80 70	42 10 50 67 42	32 17 55 85 74	94 44 67 16 94
14 65 52 68 75	87 59 36 22 41	26 78 63 06 55	13 08 27 01 50	15 29 39 39 43
17 53 77 58 71	71 41 61 50 72	12 41 94 96 26	44 95 27 36 99	02 96 74 30 82
90 26 59 21 19	23 52 23 33 12	96 93 02 18 39	07 02 18 36 07	25 99 32 70 23
41 23 52 55 99	31 04 49 69 96	10 47 48 45 88	13 41 43 89 20	97 17 14 49 17
90 20 50 81 69	31 99 73 68 68	35 81 33 03 76	24 30 12 48 60	18 99 10 72 34
91 25 38 05 90	94 58 28 41 36	45 37 59 03 09	90 35 57 29 12	82 62 54 65 60
34 50 57 74 37	98 80 33 00 91	09 77 93 19 82	79 94 80 04 04	45 07 31 66 49
85 22 04 39 43	73 81 53 94 79	33 62 46 86 28	08 31 54 46 31	53 94 13 38 47
09 79 13 77 48	73 82 97 22 21	05 03 27 24 83	72 89 44 05 60	35 80 39 94 88
88 75 80 18 14	22 95 75 42 49	39 32 82 22 49	02 48 07 70 37	16 04 61 67 87
60 96 23 70 00	39 00 03 06 90	55 85 78 38 36	94 37 30 69 32	90 89 00 76 33

随机数字表(Ⅱ)

53 74 23 99 67	61 02 28 69 84	94 62 67 86 24	98 33 41 19 95	47 53 53 38 09
63 38 06 86 54	90 00 65 26 94	02 32 90 23 07	79 62 67 80 60	75 91 12 81 19
35 30 58 21 46	06 72 17 10 94	25 21 31 75 96	49 28 24 00 49	55 65 79 78 07
63 45 36 82 69	65 51 18 37 88	31 38 44 12 45	32 82 85 88 65	54 34 81 85 35
98 25 37 55 28	01 91 82 61 46	74 71 12 94 97	24 02 71 37 07	03 92 18 66 75
02 63 21 17 69	71 50 80 89 56	38 15 70 11 48	43 40 45 86 98	00 83 26 21 03
64 55 22 21 82	48 22 28 06 00	01 54 13 43 91	82 78 12 23 29	06 66 24 12 27
85 07 26 13 89	01 10 07 82 04	09 63 69 36 03	69 11 15 53 80	13 29 45 19 28
58 54 16 24 15	51 54 44 82 00	82 61 65 04 69	38 18 65 18 97	85 72 13 49 21
32 85 27 84 87	61 48 64 56 26	90 18 48 13 26	37 70 15 42 57	65 65 80 39 07
03 92 18 27 46	57 99 16 96 56	00 33 72 85 22	84 64 38 56 98	99 01 30 98 64
62 95 30 27 59	57 75 41 66 48	86 97 80 61 45	23 53 04 01 63	45 76 08 64 27
08 45 93 15 22	60 21 75 46 91	98 77 27 85 42	28 88 61 08 84	69 62 03 42 73
07 08 55 18 40	45 44 75 13 90	24 94 96 61 02	57 55 66 83 15	73 42 37 11 61
01 85 89 95 66	51 10 19 34 88	15 84 97 19 75	12 76 39 43 78	64 63 91 08 25
72 84 71 14 35	19 11 58 49 26	50 11 17 17 76	86 31 57 20 18	95 60 78 46 78
88 78 28 16 84	13 52 53 94 53	75 45 69 30 96	73 89 65 70 31	99 17 43 48 70
45 17 75 65 57	28 40 19 72 12	25 12 73 75 67	90 40 60 81 19	24 62 01 61 16
96 76 28 12 54	22 01 11 94 25	71 96 16 16 88	68 64 36 74 45	19 59 50 88 92
43 31 67 72 30	24 02 94 08 63	38 32 36 66 02	69 36 38 25 39	48 03 45 15 22
50 44 66 44 21	66 06 58 05 62	68 15 54 38 02	42 35 48 96 32	14 52 41 52 48
22 66 22 15 86	26 63 75 41 99	58 42 36 72 24	53 37 52 18 51	03 37 18 39 11
96 24 40 14 51	23 22 30 88 57	95 67 47 29 83	94 69 30 06 07	18 16 38 78 85
31 73 91 61 91	60 20 72 93 48	98 57 07 23 69	65 95 39 69 58	56 80 30 19 44
78 60 73 99 84	43 89 94 36 45	56 69 47 07 41	90 22 91 07 12	78 35 34 08 72

（续表）

84 37 90 61 56	70 10 23 98 05	85 11 34 76 60	76 48 45 34 60	01 64 18 30 96
36 67 10 08 23	98 93 35 08 86	99 29 76 29 81	33 34 91 58 93	63 14 44 99 81
07 28 59 07 48	89 64 58 89 75	83 85 62 27 89	30 14 78 56 27	86 63 59 80 02
10 15 83 87 66	79 24 31 66 56	21 48 24 06 93	91 98 94 05 49	01 47 59 38 00
55 19 68 97 65	03 73 52 16 56	00 53 55 90 87	33 42 29 38 87	22 15 88 83 34
53 81 29 13 39	35 01 20 71 34	62 35 74 82 14	55 73 19 09 03	56 54 29 56 93
51 86 32 68 92	33 98 74 66 99	40 14 71 94 58	45 94 49 38 81	14 44 99 81 07
35 91 70 29 13	80 03 54 07 27	96 94 78 32 66	50 95 52 74 33	13 80 55 62 54
37 71 67 95 13	20 02 44 95 94	64 85 04 05 72	01 32 90 76 14	53 89 74 60 41
93 66 13 83 27	92 79 64 64 77	28 54 96 53 84	48 14 52 98 94	56 07 93 89 30
02 96 08 45 65	13 05 00 41 84	93 07 34 72 59	21 45 57 09 77	19 48 56 27 44
49 33 43 48 35	82 88 33 69 96	72 36 04 19 76	47 45 15 18 60	82 11 08 95 97
84 60 71 62 46	40 80 81 30 37	34 39 23 05 38	25 15 35 71 30	88 12 57 21 77
18 17 30 88 71	44 91 14 88 47	89 23 30 63 15	56 54 20 47 89	99 82 93 24 98
79 69 10 61 78	71 32 76 95 62	87 00 22 58 40	92 54 01 75 25	43 11 71 99 31
75 93 36 87 83	56 20 14 82 11	74 21 97 90 65	96 12 68 63 86	74 54 13 26 94
38 30 92 29 03	06 28 81 39 38	62 25 06 84 63	61 29 08 93 67	04 32 92 08 09
51 29 50 10 34	31 57 75 95 80	51 97 02 74 77	76 15 48 49 44	18 55 63 77 09
21 61 38 86 24	37 79 81 53 74	73 24 16 10 33	52 83 90 94 76	70 47 14 54 36
29 01 23 87 88	58 02 39 37 67	42 10 14 20 92	16 55 23 42 45	54 96 09 11 06
95 33 95 22 00	18 74 72 00 18	38 79 58 69 32	81 76 80 26 92	82 80 84 25 39
90 84 60 79 80	24 36 59 87 38	82 07 53 89 35	96 35 23 79 18	05 98 90 07 35
46 40 62 98 82	54 97 20 56 95	15 74 80 08 32	10 46 70 50 80	67 72 16 42 79
20 31 89 03 43	38 46 82 68 72	32 12 82 59 70	80 60 47 18 97	63 49 30 21 38
71 59 73 03 50	08 22 23 71 77	01 01 93 20 49	82 96 59 26 94	60 39 67 98 68

附表10 常用正交表

(1) $L_4(2^3)$

处理	列号		
	1	2	3
1	1	1	1
2	1	2	2
3	2	1	2
4	2	2	1

[注] 任两列的交互作用为第三列。

(2) $L_8(2^7)$

处理	列　号						
	1	2	3	4	5	6	7
1	1	1	1	1	1	1	1
2	1	1	1	2	2	2	2
3	1	2	2	1	1	2	2
4	1	2	2	2	2	1	1
5	2	1	2	1	2	1	2
6	2	1	2	2	1	2	1
7	2	2	1	1	2	2	1
8	2	2	1	2	1	1	2

$L_8(2^7)$ 表头设计

因素数	列号						
	1	2	3	4	5	6	7
3	A	B	$A \times B$	C	$A \times C$	$B \times C$	
4	A	B	$A \times B$ $C \times D$	C	$A \times C$ $B \times D$	$B \times C$ $A \times D$	D
4	A	B $C \times D$	$A \times B$	C $B \times D$	$A \times C$	D $B \times C$	$A \times D$
5	A $D \times E$	B $C \times D$	$A \times B$ $C \times E$	C $B \times D$	$A \times C$ $B \times E$	D $A \times E$ $B \times C$	E $A \times B$

$L_8(2^7)$ 二列间的交互作用表

1	2	3	4	5	6	7	列号
(1)	3	2	5	4	7	6	1
	(2)	1	6	7	4	5	2
		(3)	7	6	5	4	3
			(4)	1	2	3	4
				(5)	3	2	5
					(6)	1	6
						(7)	7

(3) $L_8(4 \times 2^4)$

处理	列号				
	1	2	3	4	5
1	1	1	1	1	1
2	1	2	2	2	2
3	2	1	1	2	2
4	2	2	2	1	1
5	3	1	2	1	2
6	3	2	1	2	1
7	4	1	2	2	1
8	4	2	1	1	2

(4) $L_9(3^4)$

处理	列 号			
	1	2	3	4
1	1	1	1	1
2	1	2	2	2
3	1	3	3	3
4	2	1	2	3
5	2	2	3	1
6	2	3	1	2
7	3	1	3	2
8	3	2	1	3
9	3	3	2	1

注：任意二列间的交互作用为另外二列。

$(5) L_{16}(4^5)$

处理	列号				
	1	2	3	4	5
1	1	1	1	1	1
2	1	2	2	2	2
3	1	3	3	3	3
4	1	4	4	4	4
5	2	1	2	3	4
6	2	2	1	4	3
7	2	3	4	1	2
8	2	4	3	2	1
9	3	1	3	4	2
10	3	2	4	3	1
11	3	3	1	2	4
12	3	4	2	1	3
13	4	1	4	2	3
14	4	2	3	1	4
15	4	3	2	4	1
16	4	4	1	3	2

注：任意二列间的交互作用为另外三列。

$(6) L_{16}(2^{15})$

处理	列号														
	1	2	3	4	5	6	7	8	9	10	11	12	13	14	15
1	1	1	1	1	1	1	1	1	1	1	1	1	1	1	1
2	1	1	1	1	1	1	1	2	2	2	2	2	2	2	2
3	1	1	1	2	2	2	2	1	1	1	1	2	2	2	2
4	1	1	1	2	2	2	2	2	2	2	2	1	1	1	1
5	1	2	2	1	1	2	2	1	1	2	2	1	1	2	2
6	1	2	2	1	1	2	2	2	2	1	1	2	2	1	1
7	1	2	2	2	2	1	1	1	1	2	2	2	2	1	1
8	1	2	2	2	2	1	1	2	1	1	1	1	1	2	2
9	2	1	2	1	2	1	2	1	2	1	2	1	2	1	2
10	2	1	2	1	2	1	2	2	1	2	1	2	1	2	1
11	2	1	2	2	1	2	1	1	2	1	2	2	1	2	1
12	2	1	2	2	1	2	1	2	1	2	1	1	2	1	2
13	2	2	1	1	2	2	1	1	2	2	1	1	2	2	1
14	2	2	1	1	2	2	1	2	1	1	2	2	1	1	2
15	2	2	1	2	1	1	2	1	2	2	1	2	1	1	2
16	2	2	1	2	1	1	2	2	1	1	2	1	2	2	1

$L_{16}(2^{15})$ 二列间的交互作用表

1	2	3	4	5	6	7	8	9	10	11	12	13	14	15	列号
(1)	3	2	5	4	7	6	9	8	11	10	13	12	15	14	1
	(2)	1	6	7	4	5	10	11	8	9	14	15	12	13	2
		(3)	7	6	5	4	11	10	9	8	15	14	13	12	3
			(4)	1	2	3	12	13	14	15	8	9	10	11	4
				(5)	3	2	13	12	15	14	9	8	11	10	5
					(6)	1	14	15	12	13	10	11	8	9	6
						(7)	15	14	13	12	11	10	9	8	7
							(8)	1	2	3	4	5	6	7	8
								(9)	3	2	5	4	7	6	9
									(10)	1	6	7	4	5	10
										(11)	7	6	5	4	11
											(12)	1	2	3	12
												(13)	3	2	13
													(14)	1	14
														(15)	15

主要参考文献

[1] 明道绪,刘永建.生物统计附试验设计(第六版)[M].北京:中国农业出版社,2019.

[2] 吴仲贤.生物统计[M].北京:北京农业大学出版社,1993.

[3] 宋代军.生物统计附试验设计(第一版)[M].北京:中国农业出版社,2001.

[4] 董大钧.SAS统计分析软件应用指南[M].北京:电子工业出版社,1993.

[5] (日)吉田实著.关彦华等译.畜牧试验设计[M].北京:中国农业出版社,1984.